Wegweiser für den Praktikanten

im Maschinen= und Elektromaschinenbau

Ein Hilfsbuch für die Werkstattausbildung
zum Ingenieur

von

Dr.=Ing. Franz zur Nedden

Fünfte Auflage des Buches
»Das praktische Jahr«

Im Einvernehmen mit dem
**Reichsinstitut für Berufsausbildung
in Handel und Gewerbe**

neubearbeitet von

Dr.=Ing. Herwarth von Renesse

Mit 13 Abbildungen

Springer-Verlag Berlin Heidelberg GmbH
1943

Copyright 1940 and 1943 Springer-Verlag Berlin Heidelberg
Ursprünglich erschienen bei Springer-Verlag OHG. in Berlin 1943
Softcover reprint of the hardcover 5th edition 1943

ISBN 978-3-662-27967-0   ISBN 978-3-662-29475-8 (eBook)
DOI 10.1007/978-3-662-29475-8

Vorwort zur fünften Auflage.

Vielen Tausenden junger deutscher Ingenieure und ihren Betreuern haben die früheren Auflagen dieses Buches dazu verholfen, den Nutzen der praktischen Arbeitszeit in Werkstätten des Maschinenbaus und der Elektrotechnik möglichst hoch zu steigern. Dadurch hat es dazu beitragen können, den Stamm von Ingenieuren zu ertüchtigen, dessen Leistungen in der Wiedergeburt und im Freiheitskampf Deutschlands heute vor aller Augen stehen. Wir wissen, daß das nationalsozialistische Deutschland für seine gewaltigen Zukunftsaufgaben solcher Ingenieure, solcher Leistungen mehr noch bedarf, denn je zuvor Daher durfte und mußte diese fünfte ebenso wie die vierte Auflage mitten in diesem Kriege erscheinen, den der deutsche Ingenieur zugleich als Vollzug vollbrachter und als Auftakt neuer Leistungen wertet.

Dies Buch will kein wissenschaftliches Werk sein, aber auch nicht eine allgemeine „populäre" Plauderei. Ziel ist, dem Ingenieur-Praktikanten einen Begleiter mitzugeben, der ihm etwa die ständige Unterhaltung mit einem am Ende seiner Studien stehenden und bereits erfahrenen älteren Kameraden ersetzt. Es will ihm den Überblick über die Zusammenhänge des in unzählige Arbeitsgänge aufgegliederten technischen Schaffens in den Werkstätten eines Industriebetriebes vermitteln, ihn lehren, das Wichtige zu beobachten, richtig zu fragen und die Antworten zu verstehen.

Ein solcher Wegweiser und Begleiter ist besonders in der Zeit der praktischen Arbeit nötig. Diese stellt den bisherigen Schüler plötzlich mitten in eine für den Neuling noch undurchsichtige arbeitsteilige Werksgemeinschaft.

Ist es ein Großbetrieb, so sind das Zurechtfinden und der Überblick über die Gesamtzusammenhänge besonders schwierig und jede Hilfe, ihn schnell zu gewinnen, willkommen und wichtig. Betreuen Lehringenieure oder Ausbildungsleiter, wie heute erfreulicherweise in einer wachsenden Zahl von Großbetrieben, die Praktikanten, so erleichtert ein solcher Leitfaden den Lehringenieuren wie den Praktikanten die Arbeit und steigert ihren Wirkungsgrad.

Erlebt aber der Praktikant seine Werkstattausbildung in einem mittleren oder kleineren Betrieb, — und gerade die Betriebe mittlerer Größe eignen sich besonders gut dafür, — so findet der Praktikant selten eine Stelle oder

Person, die ihn mit Muße planmäßig anzuleiten vermag, worauf er achten muß, und warum. Ein Führer in Buchform ist hier für den Praktikanten unentbehrlich. An Hand dieses Führers kann der Praktikant an seine Lehrmeister und an die Betriebsingenieure kurze Fragen stellen und auch knappe Antworten von ihnen verstehen. Deren Zeit ist durch ihre Werksarbeit stark in Anspruch genommen, aber für kurze Unterhaltungen mit dem Praktikanten werden sie, die Lebenswichtigkeit der Nachwuchspflege vor Augen, stets gern bereit sein.

Noch eine andere Gruppe von Werksangehörigen aber zieht erfahrungsgemäß Nutzen aus diesem Buch. Mehr als einmal haben Bergleute, Chemiker, Kaufleute, Juristen, Volkswirte und sonstige in und mit der Industrie Beschäftigte dem Verfasser berichtet, daß es ihnen in kürzester Zeit den Überblick und Einblick über und in die Vorgänge in den Werkstätten vermittelt habe, den sie brauchten. Hierin darf eine willkommene Nebenwirkung dieses Buches erblickt werden.

Alle diese Gründe erklären den erfreulichen Erfolg der bisherigen Auflagen und haben wohl auch dazu beigetragen, daß das um die Entwicklung des Praktikantenwesens hoch verdiente Reichsinstitut für Berufserziehung in Handel und Gewerbe, das aus dem früheren Deutschen Ausschuß für Technisches Schulwesen hervorging, ebenso wie dieser bei den vorherigen Auflagen auch bei der neuesten Auflage in freundlichster Weise mit Rat und Tat Beistand leistete. Dem Reichsinstitut darf daher an dieser Stelle, auch namens aller Leser, wärmster Dank gesagt werden.

Ebenso gebührt herzlicher Dank Herrn Dr.-Ing. von Renesse, der auch bei dieser Auflage, wie schon bei den beiden vorhergehenden, mit Hingabe die große Mühe auf sich genommen hat, im besten Einvernehmen mit dem Reichsinstitut und dem ursprünglichen Verfasser die nötige Überarbeitung vorzunehmen, um den neueren Entwicklungen Rechnung zu tragen. Beide danken wir dem um des Praktikantenwesen hochverdienten Professor an der Technischen Hochschule Berlin, Herrn Dipl.-Ing. H a n n e r , der uns wieder mit Rat und Tat freundlichst zur Seite stand.

Möchte das Buch auch in dieser Neubearbeitung dazu beitragen, daß das deutsche Volk immer weiter erlangt und behält, was es zur Erfüllung seiner weltgeschichtlichen Aufgaben nicht entbehren kann: forschende, gestaltende, führende Ingenieure!

Berlin, im März 1943.

Dr.-Ing. Franz zur Nedden

Inhaltsverzeichnis

III. Werkstätten für spanlose Formung

IV. Werkstätten für spanabhebende Formung

V. Arbeitsverfahren ohne Verformung

I. Wege zur praktischen Ausbildung und ihr Ziel

1. Das Arbeitsgebiet des Ingenieurs

Vom Beruf des Ingenieurs. Niemals stand der Ingenieurberuf in höherer Achtung als heute und bei keinem Volk in höherer Achtung als beim deutschen. Höchsten Wert mißt ihm der Führer Adolf Hitler bei. Nie vergißt er, die deutschen Ingenieure zu nennen, wenn er von denen spricht, auf die seine gewaltigen Taten sich stützen und auf deren Leistungen Deutschland angewiesen ist. Deutschland ist eines der dichtest bevölkerten Länder der Erde; ohne die höchsten Leistungen seiner Ingenieure könnte es weder die Industrie betreiben, die seinen Söhnen Arbeit gibt und seinen Erzeugnissen Tauschkraft verleiht, noch die Bauten und Bahnen schaffen, die sein wimmelnder Verkehr erfordert, noch seine Versorgung mit Maschinenkraft, Elektrizität, Gas, Wasser, Licht und Wärme durchführen. Deutschland ist ein rohstoffarmes Land, und deshalb bedarf es seiner großen chemischen Industrie, die ohne die deutschen Ingenieure nicht die tausend Wunder vollbringen könnte, Rohstoffe zu wandeln, neue Heimstoffe zu schaffen und Boden fruchtbarer zu machen. Deutschland bedarf der stärksten Wehr; ihre ruhmreichen Siege wären ohne Manneszucht und Kampfgeist unserer Soldaten, aber auch ohne ihre unübertrefflichen Maschinenwaffen, ohne die Meisterleistungen des deutschen Ingenieurs undenkbar. Heer, Marine und Luftwaffe sind motorisiert, Land- und Hauswirtschaft, Verkehrs- und Bauwesen sind motorisiert, Maschinenkraft umgibt und hilft uns auf Schritt und Tritt und jede Minute des Tages und der Nacht. Des Motors, der Maschine Schöpfer aber ist der Ingenieur. Stolz und Freude muß jeden erfüllen, der Ingenieur werden kann.

Berufseignung. Wer ist dazu berufen? Wer mit Ernst von der Grundforderung allen technischen Schaffens durchdrungen ist: mit möglichst geringem Aufwand von Stoff und Kraft die höchstmögliche Leistung zu erzielen. Es ist zu beachten, daß solche Ingenieure, die unmittelbar Maschinen bauen, d. h. konstruieren, keineswegs die Mehrheit sind. Forscherische, wirtschaftliche, organisatorische, verwaltungstechnische, erzieherische, werbliche,, schriftstellerische Fähigkeiten können und müssen die Ingenieure vielfach entfalten, mitunter vorwiegend. In der Möglichkeit, die verschiedensten Fähigkeiten in den Dienst seines Berufs und Volkes zu stellen, liegen unabsehbare Möglichkeiten des Aufstiegs für den jungen Mann im Ingenieurberuf. Jeder, der sich berufen fühlt, an verantwortlicher Stelle an den der deutschen Technik gestellten Aufgaben mitzuarbeiten, soll Ingenieur werden und sich nicht durch Vorurteile davon abbringen lassen.

Für diejenigen, die sich eingehender, als es hier geschieht, mit dem Wesen des Ingenieurberufs beschäftigen wollen, sei auf das Buch „Ingenieure" von Dr.-Ing. Friedrich Münzinger (Berlin 1942, Springer-Verlag. Preis RM. 6,00) hingewiesen. Es eignet sich auch vortrefflich als Weihnachtsgabe für technikbegeisterte junge Menschen.

Berufszweige. Bestimmte Aufgabengruppen kennzeichnen gewisse große Zweige der Ingenieurarbeit (Wertvolle Hinweise geben die Hefte „Die akademischen Berufe", herausgegeben vom akadamischen Auskunftsamt in Verbindung mit der Deutschen Arbeitsfront; 16 Hefte über technische Berufe, je RM. 0,50, für Schüler und Studenten RM. 0,30):

Der Konstrukteur. Er entwirft, berechnet und zeichnet die Form von Maschinen und Maschinenteilen, Gebrauchsgegenständen oder Bauwerken, die als Einzel- oder Mengenerzeugnis hergestellt werden. Er gestaltet sie um, wenn neue Herstellungsverfahren, Werkstoffeigenschaften oder Beanspruchungen dies erfordern. Es ist klar, daß kein Konstrukteur gründliche praktische Kenntnis des Verhaltens der Werkstoffe und der Vorgänge in der Werkstatt entbehren kann. Lange Zeit hat man, nachdem früher einmal die Betriebswirtschaft unterbewertet war, die Konstrukteurarbeit zu gering geachtet mit dem Ergebnis, daß man die entscheidenden Auswirkungen sorgfältigen Konstruierens auf das Erzeugnis und am Werkstoffverbrauch oft übersah. Wer gelegentlich mehr von der vielseitigen Arbeit des Konstrukteurs erfahren will, findet es in dem Buch „Die Technik des Konstruierens" von Prof. Dr. H. Wögerbauer (München 1942, Verlag von R. Oldenbourg. Preis RM. 6.—).

Der Betriebsingenieur. Kein Zweig des Ingenieurberufes erfordert so tiefgehende praktische Schulung in der Werkstatt, wie der des Betriebsingenieurs. Für ihn reicht ein Jahr praktischer Arbeit nicht aus. Ist er es doch, der verantwortlich für den einwandfreien Ablauf der Fertigung im Betrieb zu sorgen hat. Seine Aufgabe ist es, durch zweckmässige Raum- und Maschinenanordnung, Transportmöglichkeiten, Bereitstellung von Werkstoffen und Werkzeugen, Festsetzung und Einhaltung der Lieferzeiten, Anleitung und Gruppierung seiner Gefolgsleute eine größtmögliche Leistnng ohne Überanstrengung des Einzelnen zu erzielen.

Der Ausbildungsingenieur. Die besten Betriebsmittel können sich nur dann voll auswirken, wenn jeder Gefolgschaftsangehörige fachlich genügend ausgebildet und in seiner Haltung arbeitsbejahend ausgerichtet ist. Dies fordert eine planmäßige Nachwuchs- und Erwachsenenschulung — und oft genug auch Umschulung. Dem Ingenieur, der sie plant und durchführt, ist das Kostbarste anvertraut, was der Betrieb, was unser Volk besitzt: der strebende Mensch. Der Ausbildungsingenieur bedarf der erzieherischen Neigung und Begabung. Aber könnte er Menschen lehren, in Werkstätten ihre beste Leistung zu entfalten, wenn er nicht selber in der Werkstatt gestanden und gründlich praktisch gearbeitet hätte?

Der Planungsingenieur. Er entwirft (projektiert) die Pläne für zusammenhängende technische Anlagen. Im Vordergrund steht das scharfe Abwägen zwischen dem Aufwand an Geld, Baustoffen und Bedienungsmannschaften für verschiedene Lösungen einer gegebenen technischen Aufgabe, z. B. der Aufstellung eines Maschinensatzes, der Kanalisation einer Stadt, des Baues einer Bahn oder Hafenanlage u. dgl. mehr. Der Planungsingenieur bedarf vor allem guter praktischer Kenntnis der Vorgänge beim Entstehen und Zusammenstellen, der „Montage" von Maschinen, Rohrleitungen, Kabeln und Bauteilen in der Fabrik und am Aufstellungsort.

Der Verwaltungsingenieur. Praktische Betriebswirtschaft und -wissenschaft ist sein Aufgabenbereich. Er ist verantwortlich für das möglichst verlustfreie, Zeit und Arbeit ersparende Ineinandergreifen aller Teile einer Betriebs- oder Bauverwaltung, vielfach als öffentlicher Beamter. Bisweilen greifen seine Obliegenheiten in die Arbeitsgebiete eines planenden oder eines Betriebsingenieurs ein. Sorgsamste Arbeitsteilung, Vervollkommnung von Herstellungsverfahren, Überwachung von Lieferungen, Analyse von Betriebsvorgängen, Wahrnehmung und Überwachung gesetzlicher und vertraglicher Verpflichtungen gehören zu seinem Arbeitsfeld. Er muß eine gründliche betriebswissenschaftliche Schulung besitzen und kann deshalb der praktischen Werkstatterfahrung ebensowenig entraten wie alle Ingenieure anderer Berufszweige.

Der Forschungsingenieur. Seine Tätigkeit im Laboratorium, auf dem Prüffeld und oft genug in der Werkstatt selbst kommt der eines Physikers oder Chemikers nahe. Für ihn ist mathematisches Können, Forscherblick, Beherrschung der wissenschaftlichen Methodik unerläßlich. Vom reinen

Naturforscher unterscheidet ihn jedoch immer eins: er arbeitet in stetem Hinblick auf den technischen Zweck, in ununterbrochener Berührung mit der Praxis. Und darum braucht er, der durch die Stille einer Studierstube, durch die Abgeschiedenheit eines Laboratoriums so leicht dazu verführt werden könnte, die Werkstattbedingungen zu vernachlässigen, erst recht die eigene Werkstattpraxis. Je weniger Aussicht vorhanden ist, daß der beginnende Ingenieur später in der Werkstätte sein Arbeitsfeld sehen wird, desto lebhafter präge er sich alle Erkenntnisse und Erfahrungen während der praktischen Arbeit ein! Was für die Praktiker eine Vorschule bedeutet, ist für den Theoretiker eine nie wiederkehrende und darum doppelt und dreifach zu benutzende Gelegenheit, Wissen zu erwerben. —

Die angeführten Berufszweige stellen nur einige typische Aufgabenbereiche des großen Ingenieurberufs dar. Es gibt Vertriebs- und Reiseingenieure, Ingenieure als Firmenvertreter und als Zeitschriftenredakteure, beratende und behördliche Überwachungsingenieure, Chemieingenieure und Verkehrsingenieure, — das bunte Leben der Technik bringt die verschiedensten Zusammenstellungen von Obliegenheiten mit sich. Nach den Erzeugnissen der Ingenieurarbeit bieten sich die zahlreichen und an Vielfalt noch immer anwachsenden Sonderfächer des Kraftmaschinen- (Motoren-), Arbeits- und Werkzeugmaschineningenieurs, des Flugzeug- und Kraftfahrzeugingenieurs, des Elektromaschinen-, des Starkstrom-, Fernmelde- und Hochfrequenzingenieurs, des Lichtingenieurs, des Wärmeingenieurs, des Strassen-, Hoch-, Tief- und Brückenbauingenieurs, des Gas- und Wasserwerksingenieurs, des Schiffs- und Schiffmaschineningenieurs, des Textil-, Papier-, Druckerei- und Mühleningenieurs, nicht zu vergessen des Wasseringenieurs usw. usw. Immer aber handelt es sich für den Ingenieur um den Bau und die Meisterung mechanischer Vorrichtungen und Energieübertragungsmittel, um Maschinen im weitesten Sinne.

In den seltensten Fällen weiß der junge Mann, der sich entschließt, Ingenieur zu werden, welchem besonderen Berufszweig er sich dermaleinst zuwenden wird. In keinem Falle aber wird er als Ingenieur seinen Mann stellen können, wenn er nicht in der Werkstatt praktisch gearbeitet hat. Ein Ingenieur ohne Kenntnis der Werkstattvorgänge ist· — kein Ingenieur.

Große Pioniere der Technik, wie Borsig, Bosch oder Daimler, haben aus eigenem Erleben Wert und Bedeutung gründlicher Werkstoffkenntnisse zu schätzen gewusst. Auch der Erste Ingenieur des Reiches, der Anfang 1942 durch ein tragisches Geschick verunglückte Reichsminister Dr.-Ing. Todt hat einst das Baufach von der Pike auf kennengelernt.

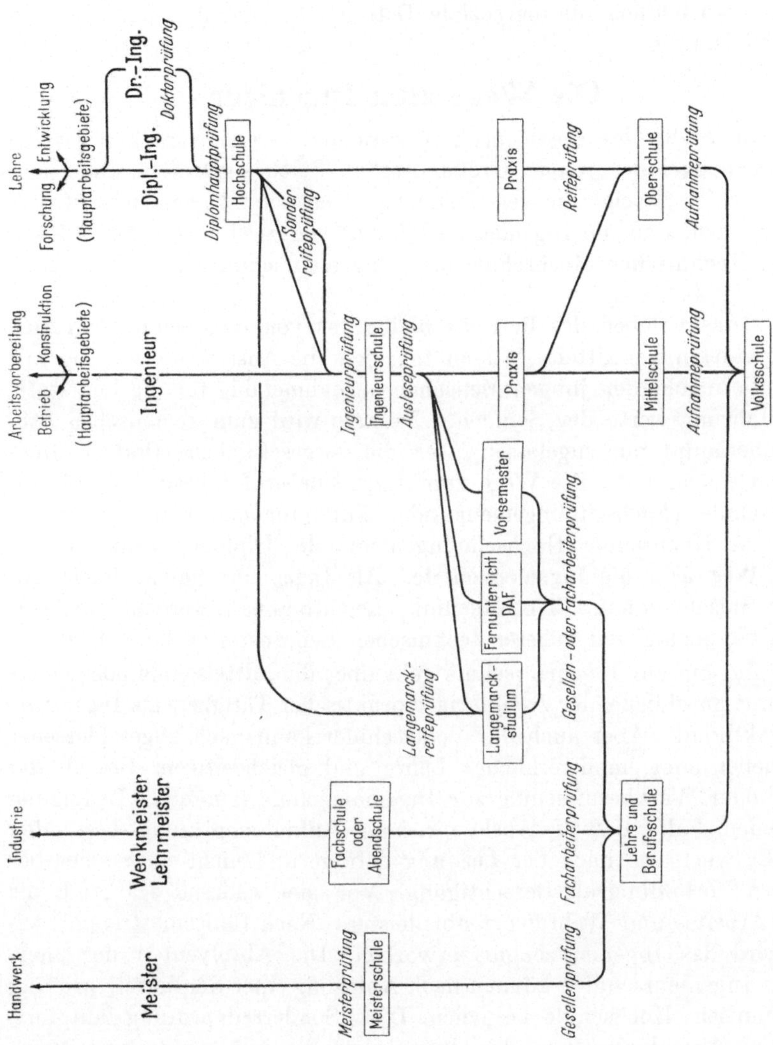
Dr.-Ing.
Doktorprüfung
Lehre
Entwicklung
Forschung
(Hauptarbeitsgebiete)
Dipl.-Ing.
Diplomhauptprüfung
Hochschule
Sonder reifeprüfung
Praxis
Reifeprüfung
Oberschule
Aufnahmeprüfung
Arbeitsvorbereitung
Konstruktion
Betrieb
(Hauptarbeitsgebiete)
Ingenieur
Ingenieurprüfung
Ingenieurschule
Ausleseprüfung
Praxis
Mittelschule
Aufnahmeprüfung
Volksschule
Vorsemester
Fernunterricht DAF
Langemarck-studium
Langemarck-reifeprüfung
Gesellen- oder Facharbeiterprüfung
Industrie
Werkmeister
Lehrmeister
Fachschule oder Abendschule
Lehre und Berufsschule
Facharbeiterprüfung
Handwerk
Meister
Meisterprüfung
Meisterschule
Gesellenprüfung
Wege der technischen Ausbildung in Deutschland

Diesem Umstand verdankte er nicht nur, daß ihm die praktischen Probleme seines Faches bestens vertraut waren, sondern daß er sich später so vorbildlich für die soziale Betreuung seiner Arbeitskameraden einsetzen konnte.

2. Die Wege zum Ingenieur

An die Stelle des Ingenieurüberflusses der vergangenen Zeit ist der Ingenieurmangel des jungen Großdeutschen Reiches getreten. Die Übersicht auf Seite 5 zeigt die verschiedenen Wege zum Ingenieurberuf. Sie läßt erkennen, daß die Ingenieurausbildung von zwei Seiten her erfolgt: Von der Technischen Hochschule bzw. Ingenieurschule und vom Betrieb selbst.

Ohne das Erleben des Betriebs bleibt das von den technischen Ausbildungsstätten vermittelte Wissen tot; erst die Auseinandersetzung mit der Praxis macht den jungen Menschen aufnahmefähig für die Lehrstoffe und Erfahrungswerte der Schulen. Deshalb wird zum technischen Studium überhaupt nur zugelassen, wer die vorgeschriebene Praktikantenzeit abgeleistest hat. Die Wege zum Ingenieurberuf führen über die Ingenieurschule (Fachschulingenieur oder kurz Ingenieur) und über die Technische Hochschule (Hochschulingenieur oder Diplom-Ingenieur).

Der Weg über die Ingenieurschule. Als Ingenieurschulen, Fachschulen für Maschinenbau, Elektrotechnik, Leichtbau usw. werden heute einheitlich die ehemaligen höheren technischen Lehranstalten bezeichnet.

Der Zugang zur Ingenieurschule geht über die Mittelschule oder Oberschule mit anschließender zweijähriger praktischer Tätigkeit als Ingenieurschulpraktikant. Aber auch der Volksschüler kann nach abgeschlossener industrieller oder handwerklicher Lehre und gleichzeitigem Besuch der Berufs- oder Werkberufsschule zur Ingenieurschule kommen. Bedingung ist in jedem Falle, daß die Ausleseprüfung (Aufnahmeprüfung) bestanden wird. Es wird also nach der **Leistung** gefragt und nicht nach einer bestimmten Vorbildung als Berechtigung. Vor oder während des Studiums ist der Arbeits- und Wehrdienst abzuleisten. Nach fünfsemestrigem Studium wird das Ingenieurzeugnis erworben. Die Absolventen der anerkannten Ingenieurschulen können nach Ablegung einer Sonderreifeprüfung die Technische Hochschule besuchen. Diese Sonderreifeprüfung fällt fort, wenn die Abschlußprüfung der Ingenieurschule mit mindestens „gut" bestanden wurde.

Ingenieurschulen für Maschinenbau bzw. Elektrotechnik befinden sich in Aachen, Augsburg, Aussig, Bad Frankenhausen, Berlin, Bielitz, Bingen, Bodenbach, Bregenz, Bremen, Breslau, Brünn, Budweis, Chemnitz, Coburg, Darmstadt, Dortmund, Dresden, Duisburg, Eger, Elbing, Essen, Eßlingen, Frankfurt a. M., Friedberg/H., Gleiwitz, Görlitz, Graz-Gösting, Gumbinnen, Hagen i. W., Halle a. S., Hamburg, Hannover, Hildburghausen, Ilmenau, Innsbruck, Kaiserslautern, Karlsruhe, Kattowitz, Kiel, Klagenfurt, Köln, Köthen, Komotau, Konstanz, Lage, Leipzig, Linz, Lundenburg, Magdeburg, Mährisch-Ostrau, Mährisch-Schönberg, Mannheim, Mittweida, München, Nürnberg, Pilsen, Posen, Reichenberg, Saarbrücken, Salzburg, Stettin, Weimar, Wien, Wiener-Neustadt, Wismar, Wolfenbüttel, Würzburg, Wuppertal-Elberfeld und Zwickau.

Der Weg über die Technische Hochschule. Nach Besuch einer höheren Schule (Oberschule) bis zur Reifeprüfung wird der Arbeits- und Wehrdienst abgeleistet. Dann folgt ein halbes Jahr praktische Tätigkeit als Hochschulpraktikant (Vorpraxis), die restlichen 6 Monate müssen während der Hochschulferien erledigt werden. Nach 8 Semestern (gegenwärtig: 7) kann die Diplom-Hauptprüfung abgelegt werden, die den Grad eines Diplom-Ingenieurs verleiht.

Oben war schon erwähnt, daß unter gewissen Voraussetzungen die Absolventen der Ingenieurschulen an der Technischen Hochschule studieren können. Damit ist gewährleistet, daß auch Volksschüler und Besucher von höheren Schulen ohne Reifezeugnis bei entsprechenden Leistungen auf dem Wege über die Ingenieurschule Diplom-Ingenieur werden können.

Technische Hochschulen bestehen in Aachen, Berlin, Braunschweig, Breslau, Brünn, Danzig, Darmstadt, Dresden, Graz, Hannover, Karlsruhe, München, Prag, Stuttgart und Wien, ab Herbst 1943 auch in Linz.

Die „Praktikanten-Professoren" der Fakultäten für Maschinenwesen der Technischen Hochschulen erteilen Auskunft und Rat über alle Fragen der praktischen Ausbildung. Ihre Anschrift ist:

	A a c h e n , Templergraben 55
	B e r l i n - Charlottenburg 2
	B r a u n s c h w e i g , Pockelsstr. 4
An den	B r e s l a u 16
Praktikanten-Professor	B r ü n n , Comeniusplatz 2
	D a n z i g - Langfuhr
für	D a r m s t a d t , Langemarckstr. 1
	D r e s d e n - A 24, George-Bähr-Str. 3 c
Maschinenwesen	G r a z , Kopernikusgasse 24
der	H a n n o v e r - W, Am Welfengarten 1
	K a r l s r u h e (Baden), Kaiserstr. 12
Technischen Hochschule	M ü n c h e n 2, Walter-v.-Dyck-Platz 1
	P r a g I, Konviktgasse 22
	S t u t t g a r t - N, Keplerstr. 10
	W i e n IV/50, Karlsplatz 13

3. Wahl des Betriebes und Aufbau der praktischen Tätigkeit

Für die Praktikantenausbildung eignen sich am besten mittlere oder große Betriebe mit Lehrwerkstatt, die eine gute Ausbildung gewährleisten. Auch die Reichsbahn-Ausbesserungsverke bieten gute Gelegenheit zur praktischen Ausbildung. Damit die praktische Ausbildung einen möglichst hohen Nutzen für den Praktikanten hat, sind allgemeine Vorschriften erlassen, die im nachstehenden wiedergegeben werden. Sie sind getrennt für Hochschulpraktikanten und für Fachschulpraktikanten[1]).

a) Hochschulpraktikanten

Die folgenden Vorschriften gelten im I. Teil für alle Studienrichtungen der Technischen Hochschulen und Bergakademien (Erlaß WJ 2471 vom 1. Oktober 1940 des Reichsministers für Wissenschaft, Erziehung und Volksbildung). Der II. Teil enthält darüber hinaus Richtlinien und Ausbildungspläne für die praktische Ausbildung der Studenten des Maschinenwesens.

Vorschriften und Richtlinien für die praktische Ausbildung

I. Teil

Allgemeine Vorschriften
für alle Studienrichtungen der Technischen Hochschulen und Bergakademien

1   **Zweck der praktischen Ausbildung.** Zum ausreichenden Verständnis der technischen Vorträge und Übungen sowie zur Vorbereitung für die spätere Berufsarbeit ist ein Anschauungsunterricht über die praktischen Grundlagen des gewählten Berufs unerläßlich.

2   Die Studenten sollen dadurch, je nach der angestrebten Berufsrichtung, die Erzeugung der Werkstoffe, deren Gewinnung, Formgebung und Bearbeitung sowie die Erzeugnisse in ihrem Aufbau und in ihrer Wirkungsweise praktisch kennenlernen und die Vorgänge auf der Baustelle oder bei der Vermessungsstelle oder in der Fabrik oder im Bergwerk oder auf der Hütte durch eigene Beobachtung erfassen.

3   Dabei sollen die Studenten auch die sozialen Verhältnisse der Arbeiter kennen und beurteilen lernen, damit sie später gerechte und fürsorgliche Vorgesetzte werden können.

4   **Erlangung der praktischen Ausbildung.** Zur Erlangung eines solchen Anschauungsunterrichts müssen die Studenten in den verschiedenen Abteilungen der Erzeugungsbetriebe der Industrie oder des Staats werktägig arbeiten und dabei eine auf ihr Studienziel ausgerichtete planmäßige praktische Unterweisung erhalten.

---

[1]) Vgl. auch den Aufsatz: J. Hanner, Hochschul-Praktikanten. Berufsausbildung Bd. 17 Nr. 2.

5   Der Student muß für seine verhältnismäßig kurze praktische Ausbildung so gereift sein, daß er den gestellten Anforderungen völlig nachkommen kann, daß er der Fülle neuer Eindrücke gewachsen ist, und daß er während dieser Lehrzeit die richtige Einstellung im Hinblick auf seinen späteren Ingenieurberuf beobachtet. Es wird deshalb im allgemeinen nur diejenige praktische Ausbildung anerkannt, die nach' der vorgeschriebenen Reifeprüfung erworben wurde. Anderweitige praktische Tätigkeit bedarf zur Anrechnung besonderer ministerieller Genehmigung. Derartige Anträge sind stets bei der Fakultät zu weiterer Veranlassung einzureichen.

6   Damit der Student aus dieser praktischen Tätigkeit ausreichend Nutzen ziehen kann, muß er alle Vorgänge an seiner Arbeitsstelle und alle Einrichtungen zu ergründen versuchen, wozu für den Aufenthalt in einem Betrieb und bei den einzelnen Arbeitsverfahren ausreichend Zeit nötig ist. Deshalb muß für die meisten Studienrichtungen die erste praktische Ausbildung vor dem Studium in zusammenhängender Arbeit von sechs Monaten erworben werden; für die weitere Praxis sind dann Ferienabschnitte von möglichst drei Monaten zulässig. Ausbildungsperioden unter vier Wochen werden nicht angerechnet.

7   Weil das Verständnis des grundlegenden Unterrichts bereits praktische Kenntnisse erfordert, aber das Verständnis mancher besonderen Arbeitsverfahren und Erzeugnisse schon theoretisches Wissen voraussetzt, soll die erste halbjährige Ausbildung als „Vorpraxis" dem Studium vorausgehen und eine weiter vorgeschriebene „Fachpraxis" erst im Laufe des Studiums im ganzen oder unterteilt während der Ferien erworben werden.

8   Da für den Eintrittstermin zur Vorpraxis unter Berücksichtigung von Arbeitsdienst und Wehrdienst vor allem der Unterrichtsbeginn für die gewählte Studienrichtung an der Hochschule maßgebend ist, muß sich jeder Studienbeflissene rechtzeitig hierüber erkundigen und für sich einen Zeitplan für die Erfüllung der Vorbedingungen aufstellen.

9   **Beratung für die praktische Ausbildung.** Die wesentlichsten Fragen über die praktische Ausbildung finden ihre Beantwortung in dieser Druckschrift. Für weitere Auskünfte und Ratschläge in besonders gelagerten Fällen, z. B. bei Verfolgung eines ungewöhnlichen Studienzieles, sind die Dekane der Fakultäten zuständig. Die Dekane können sich für die Betreuung der praktischen Ausbildung durch einen Professor ihrer Fakultät vertreten lassen, der für diese Obliegenheiten die Bezeichnung „Praktikanten-Professor" führt.- Dessen Anschrift ist: Praktikanten-Professor für . . . . . (Fakultät oder Studienrichtung) . . . . . der Technischen Hochschule zu . . . . .

10   **Sicherung der praktischen Ausbildung.** Soweit für die einzelnen Studienrichtungen eine praktische Ausbildung unerläßlich ist, besteht die bindende Vorschrift, daß von den Hochschulen eine bezüglich Mindestdauer und Ausbildungserfolg entsprechende praktische Unterweisung teils bereits als Vorbedingung für die Aufnahme in die Technische Hochschule, teils als Vorbedingung für die Zulassung zur Diplom-Vor- und Hauptprüfung gefordert wird.

11   Eine Befreiung von der zum Studium vorgeschriebenen praktischen Ausbildung oder eine Verschiebung der als Aufnahmebedingung für die Studienrichtung nachzuweisenden Vorpraxis auf spätere Semesterferien ist deshalb unzulässig.

12   Nachdem die Notwendigkeit praktischer Ausbildung beim technischen Studium seit langem allgemein bekannt ist, und weil es selbstverständlich ist, daß ein Studienbeflissener sich frühzeitig nach den Vorbedingungen für das von ihm beabsichtigte Studium bei einer Technischen Hochschule, als der zuständigen Stelle, erkundigt,

kann Unkenntnis dieser Vorschriften in keinem Fall zur Begründung einer Nachsicht vorgebracht werden. Dies gilt auch für Ausländer.

13   Anrechnung einer Handwerkerausbildung oder einer Berufstätigkeit in Erzeugungsbetrieben unterliegt jeweils eingehender Prüfung, ob ausreichend vielseitige Kenntnisse vermittelt wurden.

14   Bei Mangel wesentlicher Unterweisungsfächer wird die erforderliche Ergänzung gefordert und befristet.

15   **Ausbildungsbetriebe.** Damit die praktische Unterweisung und der dabei ermöglichte Anschauungsunterricht den Erfordernissen der Berufsausbildung entsprechen, müssen sowohl die Einrichtungen des Ausbildungsbetriebes wie die in ihm zu sehenden Arbeitsverfahren und seine Erzeugnisse für das beabsichtigte Studium und für den hierfür bestehenden Studienplan förderlich sein.

16   Die Studenten sind deshalb in der Wahl des Ausbildungsbetriebes nicht frei. Sie müssen sich von zuständiger Stelle in einen für ihre Studienabsicht und für den jeweiligen Stand ihres Studiums geeigneten Betrieb einweisen lassen.

17   **Bewerbung um eine Ausbildungsstelle.** Zur Erlangung einer geeigneten Ausbildungsstelle hat der Bewerber den von jeder Technischen Hochschule erhältlichen „Vordruck zur Bewerbung um eine Praktikantenstelle" vollständig ausgefüllt acht Wochen vor dem beabsichtigten Beginn der praktischen Unterweisung bei der in Aussicht genommenen oder der bereits besuchten Hochschule einzureichen unter der Anschrift: An den Praktikanten-Professor für . . . . . (Studienrichtung) . . . . . der Technischen Hochschule zu . . . . .

18   Der Bewerber kann Wünsche äußern, in welcher Stadt oder in welcher Gegend oder bei welcher Firma sowie in welchen Arbeitsgebieten er praktizieren möchte; doch hängt die Erfüllung solcher Wünsche ganz von den vorliegenden Verhältnissen ab.

19   **Vermittlung von Ausbildungsstellen.** Die Vermittlung geeigneter Praktikantenstellen ist vom Reichswirtschaftsministerium im Einvernehmen mit den Arbeitseinsatzbehörden der Organisation der gewerblichen Wirtschaft übertragen.

20   Der Praktikanten-Professor sendet deshalb die Bewerbung nach Überprüfung und Klärung etwaiger Sonderwünsche an die für den vorliegenden Fall zuständige Vermittlungsstelle, die nunmehr alles weitere mit den einschlägigen Ausbildungsbetrieben und dem Bewerber unmittelbar erledigt.

21   Diese wählt nach besonderen Richtlinien einen geeigneten Betrieb aus, meldet den Praktikanten dort an, weist ihn durch die Ausfertigung des vom Praktikanten zu führenden Praktikantenbuches auf die Firma des ausbildenden Betriebes und auf den Namen des Praktikanten in diese Ausbildungsstelle ein und unterrichtet gleichzeitig das zuständige Arbeitsamt.

22   Die Vermittlung einer Ausbildungsstelle ist verpflichtend für den Betrieb und für den Praktikanten. Der Praktikant muß die Stelle zu dem angegebenen Zeitpunkt antreten und der Betrieb wird ihn aufnehmen.

23   Auch wenn ein Student durch persönliche Beziehungen zum Leiter eines ihm geeignet erscheinenden Betriebs bereits eine allgemeine Zusage erhalten hat, ist vorstehend erwähnte Bewerbung mit Hinweis auf diese Zusage sofort an den Praktikanten-Professor zu geben, der sie nach Überprüfung an die zuständige Vermittlungsstelle weiterleitet, weil nur diese befugt ist, die Praktikanten auf die Industrie zu verteilen. Sonst könnte die betreffende Ausbildungsstelle anderweitig vergeben werden.

24   Das Ausbildungsverhältnis wird rechtsverbindlich durch den zwischen dem Betrieb und dem Praktikanten abzuschließenden Ausbildungsvertrag.

25   Nur bei zwingender Behinderung, wie Erkrankung oder Wehrdienst, kann der Student seine Bewerbung zurückziehen, indem er das Praktikantenbuch und den Ausbildungsvertrag mit einwandfrei belegter Begründung an die Vermittlungsstelle zurückgibt. Er bekommt für den betreffenden Zeitabschnitt eine andere Ausbildungsstelle nicht zugewiesen.

26   Durch die Vermittlung einer Vorpraxis durch den Praktikanten-Professor einer Hochschule erfolgt noch keine Bindung an diese Hochschule. Die Studenten sind für ihre praktische Ausbildung nicht an den Umkreis ihrer Hochschule gebunden.

27   **Betreuung der praktischen Ausbildung.** Die Überwachung einer sinngemäßen praktischen Ausbildung obliegt in Hinsicht der Studenten den Fakultäten und in Hinsicht der Betriebe den vom Reichswirtschaftsministerium als Vermittlungsstellen beauftragten Wirtschaftskammern bzw. besonders benannten Fachorganisationen.

28   Weil die Unternehmungen laufend Bedarf an kenntnisreichen Ingenieuren haben, ist es für sie eine unabweisbare Selbsterhaltungspflicht, daß sie sich um die Förderung des Ingenieurnachwuchses bemühen und den von ihnen aufgenommenen Praktikanten eine möglichst gute Ausbildung vermitteln.

29   Hierzu ist ein geeigneter Ingenieur der Betriebsleitung (möglichst Dipl.-Ing.) als Ausbildungsleiter zu benennen. Dieser hat nach Maßgabe der Gliederung des Betriebes sowie des Studienzieles und des Studienstandes des Praktikanten eine Zeiteinteilung zu treffen und für dessen lehrhafte Beschäftigung und Unterweisung zu sorgen. Er wird die Veranlagung und die Bemühungen des Praktikanten laufend überwachen, um gut veranlagte und strebsame Praktikanten besonders zu fördern.

30   In verschiedenen Fertigungsgebieten wird die erste Unterweisung zweckmäßig in den Lehrwerkstätten oder Lehrlingsecken der Betriebe erfolgen.

    Die Erlangung von Handfertigkeiten ist aber nicht der Hauptzweck der Studentenpraxis, sondern diese Werktätigkeit soll dem künftigen Ingenieur vor allem einen vielseitigen Anschauungsunterricht über die Erzeugungs-, Formgebungs- und Bearbeitungsverfahren und über die hierfür dienenden Einrichtungen und Maschinen eröffnen. Deshalb wird es förderlich sein, den Praktikanten nach der notwendigen Anleitung und Beobachtung in der Lehrwerkstatt bald in die Fabrikationsstätten zu versetzen, damit er als Helfer bei Facharbeitern, an Maschinen oder in Arbeitskolonnen Gelegenheit bekommt, neben seiner Arbeit möglichst viel von den Produktionsverfahren und den Erzeugnissen kennenzulernen.

31   Um den Praktikanten vielseitige Kenntnisse zu vermitteln, wird es in größeren Betrieben zweckmäßig sein, ihnen in gemeinsamen Führungen die Einrichtung, die Arbeiten und die Erzeugnisse anderer Fertigungsabteilungen sowie die allgemeinen Betriebsanlagen für die Versorgung mit Kraft, Heizung, Druckluft und sonstigen Betriebsmitteln, ferner besondere Transportanlagen, vielleicht auch die Lagerung und Behandlung und Verwaltung der Werkstoffe und Betriebsvorräte und was es sonst Lehrhaftes gibt, zu erläutern.

32   Weil einen Erfolg im Ingenieurberuf nur solche Studenten haben werden, die sich um ihre Berufsausbildung mit technischer und persönlicher Eignung und mit Eifer bemühen, wird es zur Verpflichtung der Betriebe zur Förderung des Ingenieurnachwuchses auch gehören, auf ungeeignet erscheinende Praktikanten besonders einzuwirken und sie notfalls durch Lösung des Ausbildungsvertrages rechtzeitig zu ernsthafter Erwägung eines Berufswechsels zu veranlassen.

33   Verhalten der Praktikanten im Betrieb. Die Studenten haben sich während ihrer praktischen Ausbildung als Arbeiter unter Arbeitern ohne jede Sonderstellung zu betätigen, um sich auch in die Arbeitsverhältnisse, in den Verkehr mit den Arbeitern, in die Anleitung und Behandlung der Arbeiter seitens der Meister und Ingenieure und in die Denkweise der Arbeiter einzuleben. Es ist Ehrenpflicht für die Praktikanten, daß sie die Arbeitszeit und die Betriebsdisziplin vorbildlich einhalten, daß sie alle Unfallverhütungsvorschriften und Betriebsanordnungen gewissenhaft beachten, und daß sie sich durch Ausbildungseifer, Fleiß und gute Leistungen die Achtung ihrer Arbeitskameraden erwerben.

34   Die Praktikanten haben sich beim Eintritt und bei jedem Wechsel der Betriebsabteilung ihren direkten Vorgesetzten in geziemender Weise vorzustellen.

35   Berichterstattung über die praktische Ausbildung. Die Praktikanten haben über ihre praktische Unterweisung und über die dabei gemachten Beobachtungen ein Praktikantenbuch zu führen, für das ihnen ein vorgedrucktes Heft mit ihrer Einweisung in den Betrieb von der zuständigen Vermittlungsstelle ausgehändigt wird und für das sie von dieser Stelle Fortsetzungshefte beziehen können.

36   Das Praktikantenbuch soll Art und Umfang der Ausbildung sowie Verständnis und Eifer des Praktikanten erkennen lassen. In den vorgedruckten Wochenberichten ist für jeden Tag die Art der Beschäftigung und die geleistete Arbeitszeit anzugeben; Fehlzeiten sind zu begründen. Die weiteren Blätter sind für Berichte bestimmt. Das Praktikantenbuch soll ersehen lassen, wie sich der Praktikant mit den Problemen seiner Ausbildung auseinandersetzt. Es sind deshalb beachtliche Ausbildungsarbeiten mit Handskizzen, kurzer Arbeitsbeschreibung und bei hierfür passenden Arbeiten auch mit dem Zeitverbrauch im Vergleich zum Vollarbeiter einzutragen. Ferner soll es als Merkbuch für alle lehrhaften Beobachtungen im Fertigungsprozeß gleichzeitig eine Übung für korrekte technische Berichterstattung sein.

37   Über die Art der Führung des Praktikantenbuches werden weitere Vorschriften absichtlich nicht gegeben, weil der der Schule entwachsene Student selbst überlegen soll, wie er die pflichtgemäße Berichterstattung über seine handwerkliche und anschauliche Ausbildung von Fall zu Fall am vorteilhaftesten erledigt.

Es sei lediglich darauf hingewiesen, daß überlegt knappe, aber inhaltlich ausreichende Abfassung geboten ist, daß gut leserliche Handschrift ein Gebot der Höflichkeit ist, während nachlässige, schlecht leserliche Handschrift überall schadet, daß freihändig sauber ausgeführte Skizzen meist mehr besagen als zu langer Text, und daß bei Überschriften, Zeichnungsangaben und Maßzahlen Normschrift geübt werden soll[1]).

38   Das Praktikantenbuch ist außerhalb der Arbeitszeit zu führen; hierzu erforderliche Notizen sind ohne besonderen Zeitaufwand neben der Arbeit zu machen. Keinesfalls dürfen hierzu Zeichnungen oder sonstige Fertigungsunterlagen des Ausbildungsbetriebes ohne ausdrückliche Genehmigung kopiert oder gar mitgenommen werden. Mit den Werkstattvorgesetzten ist schon bei Arbeitsbeginn über das vorgeschriebene Praktikantenbuch zu sprechen.

39   Fabrikationsgeheimnisse dürfen keinesfalls verletzt werden. Der künftige Ingenieur muß fähig sein, zwischen der auferlegten Geheimhaltung einzelner Erzeugnisse sowie bestimmter Vorgänge im Betrieb und der Verpflichtung zur Berichterstattung über seine Ausbildung und seine Beobachtungen den richtigen Weg zu finden.

---

[1]) Nicht etwa die ganzen Berichte, sondern nur Überschriften, Zeichnungsangaben und Maßzahlen sollen in schräger Blockschrift nach DIN 16 geschrieben werden.

40   Es ist dringend erwünscht, daß das Praktikantenbuch einmal wöchentlich oder in etwas größeren Zeitabschnitten dem Ausbildungsleiter zur Gegenzeichnung vorgelegt wird; bei jedem Arbeitswechsel m u ß die Vorlage des Praktikantenbuches erfolgen.

41   **Anerkennung der praktischen Ausbildung.** Die Anerkennung der praktischen Ausbildung erfolgt durch die Fakultät, sofern in einem durch die zuständige Vermittlungsstelle anerkannten Betrieb gearbeitet wurde und die Führung und die Bestätigung des Praktikantenbuches Ausbildungseifer, Fleiß und Verständnis erkennen lassen.

42   Hierzu ist nach jeder Rückkehr von einem Abschnitt der praktischen Ausbildung zur Hochschule das ordnungsgemäß bestätigte Werkbuch mit dem Praktikantenzeugnis baldigst dem Praktikanten-Professor vorzulegen.

43   Der Praktikanten-Professor beurteilt, inwieweit die praktische Ausbildung den Erfordernissen entspricht. Er kann für sachliche Versäumnisse in der praktischen Unterweisung Nachholung auferlegen.

Fehlzeiten an einer vorgeschriebenen Vorpraxis dürfen nur gestundet werden, wenn sie durch unvorhersehbare und ausreichend belegte Zwischenfälle begründet sind und in den nächsten großen Ferien nachgeholt werden können. Andernfalls hat Zurückweisung zu erfolgen.

44   Eine Stundung von Fehlzeiten an der Fachpraxis bis nach dem Meldetermin zur Diplomprüfung oder gar bis nach abgelegter Diplomprüfung ist, weil sinnwidrig, unzulässig. Der Student muß deshalb durch vorausschauende Zeiteinteilung für rechtzeitige Erledigung seiner pflichtgemäßen praktischen Ausbildung sorgen.

45   Ausbildung, über welche nicht ein ausreichend geführtes Praktikantenbuch vorgelegt wird, oder für welche das Praktikantenbuch nachlässig oder verständnislos geführt wurde, kann nur mit der Hälfte der bestätigten Zeitdauer anerkannt werden.

Die Ausrede, daß der Betrieb die Führung eines Praktikantenbuches nicht gewünscht hätte, wird grundsätzlich nicht beachtet.

46   Der Praktikanten-Professor stellt bei gutem Befund der Ausbildungsbelege die für die Aufnahme in die Hochschule für die betreffende Studienrichtung sowie für die Zulassung zur Vor- bzw. zur Diplom-Prüfung erforderlichen Bestätigungen über die Erfüllung der Ausbildungsvorschriften aus.

47   **Unterricht während der Praktikantenzeit.** Hochschulpraktikanten sind nicht berufsschulpflichtig. Während der Vorpraxis ist Teilnahme an einem Unterricht im Maschinenzeichnen nach der Arbeitszeit vorteilhaft, damit der Praktikant bereits die Werkzeichnungen, nach denen er arbeiten soll, zu lesen vermag, und damit er lernt, einfache Werkskizzen anzufertigen. Weitergehender Unterricht in Werkschulen darf die ohnehin knappe Ausbildungszeit in den Werkstätten nicht beeinträchtigen.

48   **Versicherungspflicht.** Praktikanten sind gemäß § 165 und § 172 RVO (Reichsversicherungsordnung) nicht krankenversicherungspflichtig. Es ist aber freiwilliger Beitritt zu der für den Ausbildungsbetrieb zuständigen Krankenkasse gemäß § 176 möglich und zu empfehlen, sofern nicht schon eine anderweitige ausreichende Krankenversicherung besteht.

Praktikanten unterliegen nach § 1226 und § 1235 der RVO nicht der Invalidenversicherung.

Praktikanten sind von der Arbeitslosenversicherung befreit, weil sie nicht krankenversicherungspflichtig sind.

Praktikanten stehen während ihrer Beschäftigung in Betrieben, die gemäß § 537/544 RVO gegen Unfall versichert sind, unter dem Schutz der Unfallversicherung bei dem für den Betrieb zuständigen Versicherungsträger.

Vorstehendes gilt für Beschäftigung ohne oder gegen Entgelt, sofern die Beschäftigung zufolge eines Ausbildungsvertrags zur Vorbereitung auf ein Studium oder einen Beruf erfolgt.

49   **Arbeitsbuch.** Hochschulpraktikanten müssen sich rechtzeitig vor dem Eintritt in ihre erste Praktikantenstelle von einem Arbeitsamt ein Arbeitsbuch ausstellen lassen und dieses bei jedem Eintritt in einen Betrieb dort abgeben und beim Austritt zurückverlangen.

50   **Urlaub.** Studenten können während ihres Studiums von der Hochschule zur praktischen Ausbildung ein Semester gebührenfrei beurlaubt werden, wenn ihnen der Praktikanten-Professor auf dem Urlaubsantrag bestätigt, daß die beabsichtigte Praxis im Rahmen der Ausbildungspflicht erforderlich und daß hierzu bereits eine geeignete Praktikantenstelle gesichert ist. Sie können während eines solchen Praktikantensemesters Mitglied der akademischen Krankenkasse durch Zahlung der anteiligen Gebühr bleiben.

Erholungsurlaub ist für Praktikanten während der ohnehin kurzen Ausbildungszeit nicht vorgesehen und würde als Fehlzeit betrachtet werden.

51   **Ausländer.** Im Ausland lebende reichsdeutsche Studenten, volksdeutsche Studenten fremder Staatsangehörigkeit sowie alle Ausländer, die an einer deutschen Hochschule studieren wollen, haben diese Praktikantenvorschriften ohne Einschränkung zu erfüllen. Deshalb müssen sich Ausländer rechtzeitig bei einer deutschen Hochschule nach den Aufnahmebedingungen, nach dem Termin für den Studienbeginn und nach den Praktikantenvorschriften erkundigen.

Sofern sie in Deutschand praktizieren wollen, müssen sie drei Monate vor Beginn der Praxis das Gesuch um Zulassung zum Studium an den Rektor und die Bewerbung um eine Praktikantenstelle an den Praktikanten-Professor der zu besuchenden Hochschule einsenden, damit für sie ein geeigneter Ausbildungsbetrieb gesucht und die behördliche Arbeitsgenehmigung erwirkt werden kann.

Die den Gesuchen beizufügenden Belege müssen in deutscher Sprache oder in durch eine deutsche Amtsstelle beglaubigter deutscher Übersetzung sein. Für alle Schriftstücke ist DIN-Format (deutsches Akten- und Briefformat 210 mm $\times$ 297 mm) erwünscht.

Schon beim Eintritt in einen deutschen Betrieb ist ausreichende Beherrschung der deutschen Umgangssprache unerläßlich. Da auch Kenntnisse der deutschen technischen Ausdrücke erforderlich sind, müssen sich ausländische Praktikanten auch um diese Ergänzung ihrer Sprachkenntnisse bemühen.

Ausländer können zu ihrer praktischen Ausbildung auch in guten ausländischen Fabrikationsbetrieben arbeiten, sofern die dort zu erlangende Unterweisung dem für die Studienrichtung gegebenen Ausbildungsplan entspricht. Das Praktikantenbuch muß in deutscher Sprache geschrieben werden, und das Ausbildungszeugnis muß inhaltlich dem vorgeschriebenen Vordruck entsprechen und in deutscher Sprache abgefaßt oder in deutscher Übersetzung beglaubigt sein.

52   **Werkstudenten.** Die Erlangung einer vielseitigen Unterweisung in den Herstellungsarbeiten und eines umfassenden Anschauungsunterrichts über die Fabrikeinrichtungen hierzu und über die Erzeugnisse läßt sich im allgemeinen nicht mit der Absicht eines Geldverdienstes als Werkstudent vereinbaren. Denn die praktische Ausbildung erfordert einen mehrfachen Wechsel der Beschäftigung und der Be-

triebsabteilung, während ein Geldverdienst meist nur bei dauernder Verrichtung eines rasch erlernbaren einfachen Arbeitsvorgangs gewährt wird.

Deshalb müssen sich Studenten, denen für ihre Praktikantenzeit ein Arbeitsverdienst zugesagt wird, im voraus versichern, daß ihnen die Betriebsleitung eine planmäßige Unterweisung in den verschiedenen Arbeitsverfahren nach Maßgabe der Ausbildungspläne geben läßt, sowie daß das hierüber zu führende Praktikantenbuch bestätigt und ein Ausbildungszeugnis erteilt wird.

II. Teil

Besondere Vorschriften, Richtlinien und Ausbildungspläne für die Studenten des Maschinenbaus und verwandter Fachrichtungen

Zum Verständnis des technischen Unterrichts der ersten Semester sind bereits grundlegende praktische Kenntnisse unentbehrlich. Deshalb fordert Min.-Erl. WJ 1077 vom 23. März 1937 die in den nachstehenden Ausbildungsplänen angegebene halbjährige V o r p r a x i s als eine Aufnahmebedingung in die Hochschule zum Studium des Maschinenbaus, der Elektrotechnik und der Fernmeldetechnik, des Schiffbaus und Schiffsmaschinenbaus sowie des Luftfahrzeugbaus.

Die Ziffern 10 bis 12 der vorstehenden Allgemeinen Vorschriften schließen eine Befreiung oder Zurückstellung von dieser Vorpraxis aus, so daß derartige Gesuche erfolglos bleiben und unzulässig sind.

Weil die weitere praktische Unterweisung in den der bevorzugten Studienrichtung entsprechenden Herstellungsverfahren erhöhten Erfolg hat, wenn das Beobachtungsvermögen des Studenten bereits durch theoretische Kenntnisse unterstützt wird, soll diese F a c h p r a x i s erst nach bestandener Diplom-Vorprüfung zusammenhängend oder während der großen Ferien erworben werden.

Eine den Ausbildungsplänen entsprechende Gesamtpraxis von 52 Wochen muß vor der Meldung zur Diplom-Hauptprüfung vom Praktikanten-Professor anerkannt werden können. Dispensgesuche wegen des Umfangs oder des Termins sind zufolge Ziffer 44 aussichtslos.

Die nachstehenden Einteilungspläne sollen zeigen, was die Studenten in der kurzen Zeit ihrer praktischen Unterweisung alles lernen und beobachten sollen, um im Studium und als junge Ingenieure über die notwendigsten praktischen Kenntnisse verfügen zu können.

Da nicht alle Betriebe sämtliche für die Vorpraxis bzw. für die Fachpraxis wesentlichen Werkstätten umfassen, wird die Ausbildung in erster Linie von den Erzeugnissen, Einrichtungen und Möglichkeiten des gewählten Betriebs abhängig sein. Es ist üblich, daß der Praktikant schon bei seinem Eintritt von der Betriebsleitung darüber unterrichtet wird, wie die verfügbare Zeit für seine Unterweisung in verschiedenen Fertigungsarbeiten eingeteilt werden soll. Nötigenfalls müßte er in angemessener Weise hierüber Aufschluß erbitten.

Sofern ein Student an seiner ersten Ausbildungsstelle oder durch deren Vermittlung für die Vorpraxis wesentliche Fertigungsverfahren (wie z. B. Formerei, Modellbau oder Maschinenschmiede) nicht kennenlernen kann, muß er sich um Ergänzung seiner Kenntnisse in einem anderen einschlägigen Betrieb bemühen. Dabei wird zur Erlangung einer ausreichenden Ausbildung manchmal ein Wechsel des Ausbildungsortes und eine Verwendung der nächsten Sommerferien nicht zu umgehen sein. Das gleiche gilt für die Sicherung einer ausreichenden Fachpraxis.

Die folgenden Vorschläge sollen keinesfalls zu einer Schematisierung der Ausbildung führen. Studierende, die sich für eine besondere Fachrichtung entschieden haben, werden ebenso wie ihr Studium nach der Vorprüfung auch ihre weitere praktische Ausbildung entsprechend dieser Fachrichtung einteilen und sich um geeignete Ausbildungsstellen bewerben, wie z. B. für Eisenbahnausbesserungswerke, für Kraftfahrzeugfabriken, für Kran- und Aufzugfabriken, für Werkzeugmaschinenfabriken, für Motoren- oder Dampfkraftmaschinenfabriken, für Fabriken des chemischen Apparatebaus usw. oder um Teilpraxis in Gesenkschmieden, in der Massenfertigung, in einer Werkstoffprüfanstalt usw.

A. Für Studierende des allgemeinen Maschinenbaus.

Erste Ausbildung vor Beginn des Studiums:

1. Grundlegende Arbeiten am Schraubstock und in der Schmiede	etwa 5	Wochen
2. Dreherei und Hobelei	„ 5	„
3. Maschinenschmiede	„ 3	„
4. Schweißerei	„ 3	„
5. Formerei und Gießerei . . . . ⁚ . .	„ 4	„
6. Modelltischlerei	„ 4	„
7. Anreißplatte	„ 2	„

26 Wochen

Weitere Ausbildung nach der Vorprüfung:

1. Klein- und Großdreherei	etwa 4	Wochen
2. An Fräsmaschinen und Schleifmaschinen	„ 5	„
3. An Bohrmaschinen und Bohrwerken	„ 3	„
4. Werkzeugmacherei und Härterei	„ 4	„
5. Gruppenschlosserei und Montage	„ 7	„
6. Fertigungskontrolle	„ 1	„
7. Elektrikerwerkstatt und Installation	„ 2	„

26 Wochen

Studenten, die weitere Zeit auf ihre praktische Ausbildung verwenden können, sollten dann noch durch Arbeit an Rund- und Flächenschleifmaschinen, an Revolverbänken und Automaten, in Rohrschlosserei und Schweißerei, im Kessel- und Maschinenbetrieb Kenntnisse sammeln.

B. Für Studierende der Starkstrom-Elektrotechnik.

Erste Ausbildung vor Beginn des Studiums im allgemeinen Maschinenbau:

1. Grundlegende Arbeiten am Schraubstock und in der Schmiede	etwa 5	Wochen
2. Formerei und Gießerei	„ 4	„
3. Modelltischlerei	„ 4	„
4. Maschinenschmiede oder Metallpresserei	„ 2	„
5. Schweißerei	„ 3	„
6. Hobelei, Dreherei, Fräserei	„ 6	„
7. Anreißplatte	„ 2	„

26 Wochen

**Weitere Ausbildung nach der Vorprüfung in elektro-
technischen Werkstätten und Betrieben:**

1. Stanzerei, Anker- und Transformatorenbau . . . . etwa 4 Wochen
2. Spulen-, Anker- und Gehäusewickelei . . . . . . „ 4 „
3. Maschinenmontage . . . . „ 4 „
4. Apparatemontage . . . . „ 4 „
5. Schalttafelbau und Installation . . . . „ 4 „
6. Prüffeldmessungen . . . . „ 2 „
7. Sonderbearbeitung . . . . „ 4 „

26 Wochen

Studenten, die weitere Zeit auf ihre praktische Ausbildung verwenden können,
sollten außerdem noch bei Montage in Elektrokraftwerken, von Hochspannungs-
leitungen, von umfangreichen Kraft- und Licht-Installationen sowie im Betrieb von
Umspannwerken Kenntnisse sammeln.

C. Für Studierende der Fernmelde-Technik und des Gerätebaues der Feinmechanik.

**Erste Ausbildung vor Beginn des Studiums in den
gemeinsamen Grundlagen von Maschinenbau und
Feinmechanik:**

1. Grundlegende Arbeiten am Schraubstock und in der Schmiede   etwa 6 Wochen
2 Klein-Dreherei . . . . „ 5 „
3. Bohrerei . . . . „ 2 „
4. Fräserei . . . . „ 4 „
5. Formerei und Metallgießerei . . . . „ 3 „
6. Modelltischlerei : . . . . „ 3 „
7. Werkzeug-Schmiede, Gesenkschmiede, Metallpresserei . . . . „ 3 „

26 Wochen

Diese erste Ausbildung kann außer in einem feinmechanischen Betrieb auch in
einer Fabrik des Präzisions-Maschinenbaues, z. B. kleiner Werkzeugmaschinen, erworben werden.

**Weitere Ausbildung nach der Vorprüfung
in einer Spezialfabrik für feinmechanische Geräte:**

1. Stanzerei, Zieherei . . . . etwa 2 Wochen
2. Feinmechanische Einzel- und Massenbearbeitung . . . . . „ 8 „
3. Werkzeugbau einschl. Härterei und Schleiferei, Herstellung von
Schnitten, Vorrichtungen, Lehren . . . . „ 8 „
4. Zusammenbau von einzelnen Geräten einschl. Justieren und
Prüfen . . . . „ 5 „
5. Zusammenbau von Massengeräten . . . . „ 3 „

26 Wochen

Studenten, die weitere Zeit auf ihre praktische Ausbildung verwenden können, sollten außerdem noch beim Einrichten von Revolverbänken und Automaten, in der Schweißerei, in der Oberflächenbehandlung usw., bei der Amtsmontage, bei umfangreichen Installationen und bei der Kabelmontage ihre Kenntnisse erweitern.

D. Für das Studium des Schiffbaus.

**Erste Ausbildung vor Beginn des Studiums
in einer Maschinenfabrik der Werftindustrie:**

1. Grundlegende Arbeiten am Schraubstock und an Werkzeugmaschinen (Hobeln, Drehen, Bohren, Fräsen)	etwa	4	Wochen
2. Maschinenschmiede und Presserei	„	2	„
3. Gießerei	„	2	„
4. Modelltischlerei: Holzbearbeitung	„	2	„
5. Schnürboden	„	4	„
6. Schiffbauzulage und -anzeichnerei	„	2	„
7. Montage des Schiffskörpers vor und nach dem Stapellauf	„	4	„
8. Bordmontage der Schlosserei, wie Anschlagarbeiten, Rohrleitungen, Gestänge, Ruder, Spille usw.	„	4	„
9. Feinblech-Bordmontage	„	2	„
		26	Wochen

**Weitere Ausbildung nach der Vorprüfung
auf einer Seeschiffswerft:**

1. Kaltbearbeitung von Platten und Profilen in der Schiffbauhalle	etwa	4	Wochen
2. Warmbearbeitung von Platten und Profilen in der Winkelschmiede	„	2	„
3. Bearbeitung von Guß- und Schmiedestücken	„	4	„
4. Schiffszimmerei oder Bootsbau	„	4	„
5. Schiffbautischlerei	„	2	„
6. Elektro- und Autogenschweißerei	„	4	„
7. Maschinenbauliche Bordmontage auf Neu- und Reparaturbauten oder Seefahrtzeit als Maschinenassistent	„	4	„
8. Elektro-Bordmontage	„	2	„
		26	Wochen

Studenten, die weitere Zeit auf ihre praktische Ausbildung verwenden können, werden zweckmäßig die Arbeitszeit in der Schiffbauhalle, in der Winkelschmiede, in der Schiffszimmerei und im Bootsbau sowie bei der Montage des Schiffskörpers und beim Ausbau nach dem Stapellauf verlängern.

Für Studenten, die sich für die Marinelaufbahn vorbereiten wollen, gelten Sondervorschriften.

E. Für das Studium des Schiffsmaschinenbaues.

Erste Ausbildung vor Beginn des Studiums
in einer guten Maschinenfabrik der Werftindustrie:

1. Grundlegende Arbeiten am Schraubstock und in der Schmiede etwa 5 Wochen
2. Maschinenschmiede . . . . „ 3 „
3. Hobeln, Bohren, Drehen und Fräsen . . . . „ 6 „
4. Anreißplatte . . . . „ 2 „
5. Gießerei und Modelltischlerei . . . . „ 6 „
6 Bauarbeit auf der Helling . . . . „ 4 „

26 Wochen

Weitere Ausbildung nach der Vorprüfung
in der Maschinenfabrik einer Schiffswerft:

1. Dreherei, Schleiferei, Fräserei, Bohrerei . . . . etwa 4 Wochen
2. Werkzeugmacherei und Härterei . . . . „ 2 „
3. Kesselschmiede und Rohrschlosserei . . . . „ 2 „
4. Gruppenschlosserei und Werkmontage . . . . „ 4 „
5. Prüfstand oder Maschinenreparatur . . . . „ 4 „
6 Maschinen- und Rohrleitungsmontage an Bord . . . . . . „ 4 „
7. Elektriker-Werkstatt . . . . „ 2 „
8 Seefahrtszeit als Maschinenassistent . . . . „ 4 „

26 Wochen

Studenten, die weitere Zeit auf ihre praktische Ausbildung verwenden können,
werden zweckmäßig auch in der Gas- und Elektroschweißung arbeiten und die Arbeitszeit bei der Montage der Haupt- und Hilfsmaschinen in der Werkstatt und an
Bord sowie die Seefahrtszeit im Maschinendienst verlängern.

F. Für das Studium des Luftfahrtwesens.

Erste Ausbildung vor Beginn des Studiums
in einer Maschinenfabrik für mittelgroße Erzeugnisse:

1. Grundlegende Arbeiten am Schraubstock und in der Schmiede etwa 6 Wochen
2. Maschinen-Schmiede, Härterei, Schweißerei . . . . „ 4 „
3. Hobelei, Fräserei, Dreherei . . . . „ 6 „
4. Anreißplatte . . . . „ 2 „
5. Formerei, Gießerei . . . . „ 4 „
6. Modelltischlerei . . . . „ 4 „

26 Wochen

Weitere Ausbildung nach der Vorprüfung:

Es muß entsprechend der Gliederung des Studiums in Luftfahrzeugbau (Zellen-
bau), Luftfahrt-Triebwerksbau (Motorenbau) und Luftfahrt-Gerätebau mindestens
drei Monate in Werkstätten gearbeitet werden, die der gemäß Diplomprüfung gewählten Studienrichtung entsprechen; der Rest der Fachpraxis kann zur Ausweitung
der Beobachtungen in einem der beiden anderen Fertigungsgebiete erfolgen.

Praktikantenstellen im Flugzeugbau, im Flugmotorenbau und im Luftfahrtgerätebau werden über den Praktikanten-Professor durch die Deutsche Versuchsanstalt für
Luftfahrt vermittelt, nachdem eine Vorpraxis von 26 Wochen und in der Regel auch
das Bestehen der Diplom-Vorprüfung nachgewiesen sind.

Im Flugzeugbau:

1. Teilschlosserei	etwa	2	Wochen
2. Zurichterei	„	2	„
3. Teilklempnerei	„	3	„
4. Vorrichtungs- und Gesenkbau	„	2	„
5. Blechverformung	„	2	„
6. Schutzbehandlung (Galvanik)	„	1	„
7. Rumpfbau	„	3	„
8. Flächen- und Leitwerksbau	„	3	„
9. Instandsetzungen an Zelle und Triebwerk	„	3	„
10. Vormontage	„	2	„
11. Flugmontage	„	2	„
12. Einfliegerei	„	1	„
		26 Wochen	

Im Triebwerksbau:

1. Teilschlosserei	etwa	4	Wochen
2. Bearbeitungswerkstatt	„	4	„
3. Werkzeug- und Vorrichtungsbau	„	4	„
4. Motorenmontage	„	3	„
5. Motorenüberholung	„	4	„
6. Motorenprüfstand	„	4	„
7. Werkstoffprüfung	„	3	„
		26 Wochen	

Im Luftfahrtgerätebau:

Der Gerätebau umfaßt Bordmeßgeräte, Bordfunkgeräte, Sicherheitsgeräte, elektrische Ausrüstung, Bodenmeßgeräte, Prüfgeräte.

Mindestens drei Monate muß in einschlägigen Werkstätten für mehrere dieser
Gerätearten gearbeitet werden. Einen Monat soll im Prüfbetrieb und in der Wind-
kanalmeßtechnik werktätig gearbeitet werden. Studenten, die nicht eine Flieger-
ausbildung bestanden haben, sollen auch bei der Studienrichtung Gerätebau etwa
zwei Monate in der Flugzeugmontage arbeiten.

Auf die Fachpraxis der drei Studienrichtungen kann angerechnet werden:

a) Die erfolgreiche Flugzeugführer-Ausbildung (A 2-, B 2-, LF-Schein) bis zu
einer Höchstdauer von acht Wochen,

b) die in Werkstätten anerkannter flugtechnischer Fachgruppen nachweislich geleistete Werkarbeit bis zur Höchstdauer von zwölf Wochen, sofern außerdem
noch eine mindestens 14 Wochen umfassende Fachpraxis auf einer Flugzeug-
werft, in einer Flugmotorenfabrik oder in Werkstätten des Luftfahrtgeräte-
baus nachgewiesen wird.

Praktikantenzeugnis. Die über die praktische Ausbildung vorzulegenden Zeugnisse müssen inhaltlich dem nachstehenden Formblatt entsprechen.

Praktikantenzeugnis.

Herr ....

geboren am .... zu ....

wurde vom .... bis ....

zu seiner praktischen Ausbildung als Hochschul-Praktikant wie folgt beschäftigt:

Werkstatt bzw. Beschäftigung	Wochen	Werkstatt bzw. Beschäftigung	Wochen
....	......	....	......
....	......	....	......
....	......	....	......
....	......	....	......
....	......	....	......
....	......	....	......

im ganzen Wochen: ....

Führung: .... Fleiß: .... Leistungen: ....

Besondere Bemerkungen: ....

....

....

Fehltage während der Beschäftigungsdauer: .... davon .... Tage

Urlaub, ... Tage Krankheit, ... Tage sonstige Abwesenheit.

Er hat sich der Arbeitsordnung ohne Ausnahmestellung unterworfen. Es sind

ihm ausgehändigt worden: Das von ihm geführte Werkarbeitsbuch, ferner

....

(Ort) ...., den .... Firmenstempel und Unterschrift:

b) Fachschulpraktikanten

Die folgenden Richtlinien sind am 9. November 1942 erlassen (Runderlaß E IV b 3392 (b) des Reichsministers für Wissenschaft, Erziehung und Volksbildung).

Für diejenigen, die in einem Reichsbahn Ausbesserungswerk als Praktikant arbeiten wollen, ist neben den ministeriellen Vorschriften noch die Praktikantenvorschrift der Deutschen Reichsbahn zu beachten. Sie ist bei den Reichsbahndirektionen erhältlich.

Allgemeine Richtlinien für die praktische Ausbildung der Studierenden an den Ingenieur- und Bauschulen

1. Allgemeines. Die praktische Ausbildung der Studenten der Technik vor dem Studium hat den Zweck, den künftigen Ingenieur bereits vor seiner theoretischen Ausbildung mit den Werkstoffen und Arbeitsmethoden seines Berufes vertraut zu machen und ihm das Verständnis für die sozialen Belange des Betriebes und die Führungsaufgaben des Ingenieurs zu vermitteln. Darüber hinaus lernt der künftige Student als Gefolgsmann des Betriebes den Arbeiter, der das mit seinen Händen schafft, was der Ingenieur erdenkt und gestaltet, sowie dessen Leistungs- und Einsatzfähigkeit und Einsatzwillen kennen.

Die praktische Ausbildungszeit ist daher ein wesentlicher Bestandteil des Studiums. Die Ausbildungszeit beträgt für die fünfsemestrigen Ingenieur- und Bauschulen grundsätzlich mindestens zwei Jahre. Sie muß vor dem Studium in einem Zug abgeleistet werden. Nur solche Bauschulpraktikanten, die ihre Ausbildung im Anfang des Sommerhalbjahres begonnen haben, können diese nach eineinhalb Jahren zum Besuch des ersten Fachschulsemesters unterbrechen. Die restlichen sechs Monate Praxis sind in diesem Fall vor dem Besuch des zweiten Fachschulsemesters nachzuholen. An den achtsemestrigen Ingenieur- und Bauschulen wird zwischen dem vierten und fünften Semester eine einjährige praktische Ausbildung verlangt.

2. Ausbildungsbetrieb. Die Auslese derjenigen Betriebe der Industrie bzw. des Handwerks, die zur Ausbildung von Praktikanten geeignet und damit berechtigt sind, hat die zuständige Wirtschaftskammer im Einvernehmen mit der Industrie- und Handelskammer bzw. der Handwerkskammer zu treffen. Für den Praktikantenausbildungsbetrieb in der Luftfahrt ist der Reichsminister der Luftfahrt zuständig, der mit der Durchführung die Abteilung für Ingenieurnachwuchs der Deutschen Versuchsanstalt für Luftfahrt beauftragt hat. Die Ingenieur- und Bauschulen arbeiten dabei mit den zuständigen Wirtschaftskammern zusammen.

3. Bewerbung und Einweisung in eine Praktikantenstelle. Die Aufklärung über die Ingenieurberufe erfolgt an den allgemeinbildenden Schulen im Rahmen der üblichen berufkundlichen Aufklärung durch die Arbeitsämter in Zusammenarbeit mit dem Reichsstudentenwerk und dem NS-Bund Deutscher Technik. Der künftige Studierende soll sich möglichst frühzeitig um eine geeignete Stelle für seine praktische Ausbildung (Praktikantenstelle) bewerben. Die Bewerbung um eine Praktikantenstelle erfolgt unter Benutzung eines Vordruckes (Muster liegt an) beim zuständigen Arbeitsamt. Die Meldeformblätter sind bei den Arbeitsämtern erhältlich. Das Arbeitsamt führt die Zuweisung des Bewerbers an einen Betrieb auf Vorschlag der zuständigen Wirtschaftskammer (für Luftfahrt der Deutschen Versuchsanstalt für Luftfahrt) durch.

Erfolgt die Einstellung des Bewerbers, hat der Betrieb in allen Fällen sofort dem Arbeitsamt und der zuständigen Wirtschaftskammer Mitteilung zu machen. Den gleichen Stellen hat der Betrieb die Beendigung der Ausbildung des Praktikanten mitzuteilen.

Das Reichswirtschaftsministerium und das Reichsluftfahrtministerium sorgen für die Bereitstellung einer ausreichenden Zahl von Praktikantenstellen.

4. Durchführung und Überwachung der Ausbildung. Das Praktikantenverhältnis wird durch den Abschluß eines Ausbildungsvertrages zwischen dem Betrieb (Betriebsführer) und dem Praktikanten (bzw. dessen gesetzlichen Vertreter) auf der Grundlage eines vom Reichswirtschaftsminister genehmigten Vertragsmusters (Praktikantenvertrag) begründet.

Für die Durchführung der praktischen Ausbildung ist der Betriebsführer verantwortlich. Er kann die ihm aus dem Praktikantenverhältnis obliegenden Verpflichtungen durch einen besonders zu bestellenden Ausbildungsleiter wahrnehmen lassen.

Die fachliche Überwachung der Praktikantenausbildung sowie die fortlaufende Überprüfung derjenigen Betriebe, die berechtigt sind, Praktikanten auszubilden, ist Aufgabe der Industrieabteilung bzw. der Handwerkskammerabteilung der Wirtschaftskammer, für die Luftfahrt der Deutschen Versuchsanstalt für Luftfahrt. Sie überzeugt sich durch Betriebsprüfungen von der Durchführung der einheitlichen Grundsätze, die vom Reichserziehungsminister im Einvernehmen mit dem Reichswirtschaftsminister und Reichsarbeitsminister erlassen werden. Feststellungen über unzureichende Praktikantenausbildung meldet der Direktor der Ingenieur- oder Bauschulen der zuständigen Wirtschaftskammer.

5. Betreuung des Praktikanten. Während der praktischen Ausbildung muß dafür gesorgt werden, daß der Praktikant die auf der Schule erworbenen Vorkenntnisse allgemeinbildender und fachlicher Art nicht verliert, sondern im Gegenteil ergänzt. Er muß zum Verständnis für den zukünftigen Beruf erzogen werden. Geeignete Maßnahmen werden vom Ausbildungsleiter in Zusammenarbeit mit dem NS-Bund Deutscher Technik und der Berufsschule sowie mit dem Leiter der Ingenieur- oder Bauschule getroffen.

6. Das Praktikantenbuch, Praktikantenzeugnis. Vor Beginn der praktischen Ausbildung hat der Praktikant dem Betriebsführer oder dem Ausbildungsleiter ein Praktikantenbuch vorzulegen. Das Praktikantenbuch ist nach der Anleitung zur Führung des Praktikantenbuches („Berichtsheftes für die Berufserziehung") des Reichsinstituts für Berufsausbildung in Handel und Gewerbe sorgfältig zu führen.

Bei Beendigung der praktischen Ausbildung in einem Betriebe ist das Praktikantenbuch jeweils dem Betriebsführer vorzulegen, der darin die Ausbildung des Praktikanten bescheinigt und ihm darüber ein Zeugnis ausstellt. Der Praktikant legt das bescheinigte Praktikantenbuch mit dem Zeugnis bzw. den einzelnen Zeugnissen verschiedener Betriebe der zuständigen Wirtschaftskammer zur Überprüfung vor.

Für die Aufnahme in die Ingenieur- oder Bauschule erhält der Praktikant auf Grund der Vorlage des Praktikantenbuches und des Zeugnisses (der Zeugnisse) von der zuständigen Wirtschaftskammer eine Bescheinigung über die ordnungsgemäße Ableistung der Praktikantenausbildung.

7. Ausländer. Ausländer, die an einer technischen Fachschule studieren wollen, sind durch die zuständigen Auslandsvertretungen darauf aufmerksam zu machen, daß sie sich schon frühzeitig beim Reichsarbeitsminister um eine Praktikantenstelle zu bewerben haben.

8. Bestimmungen über Urlaub und Erziehungsbeihilfen erläßt der Herr Reichs-arbeitsminister.

9. Bestimmungen über die fachliche Aufteilung der Praktikantenausbildung er-gehen gesondert. Bis zu diesem Erlaß gelten die bisherigen Ausbildungspläne.

10. D i e s e R i c h t l i n i e n t r e t e n a m 1. D e z e m b e r 1 9 4 2 i n K r a f t. Als Voraussetzung zur Zulassung zur Ingenieurprüfung (Vorlage des Praktikanten-buches und Praktikantenzeugnisses) treten sie daher für Praktikanten erstmalig am Ende des Sommersemesters 1944 in Wirksamkeit.

Bewerbung um eine Praktikantenstelle   (Muster)
(für Fachschulpraktikanten)

Diese Bewerbung ist in dreifacher Ausfertigung auszufüllen und zusammen mit einem handgeschriebenen Lebenslauf, zwei Paßbildern, beglaubigten Abschriften der letzten drei Schulzeugnisse und einem HJ-Dienstleistungszeugnis bei dem für den Wohnort des Bewerbers zuständigen A r b e i t s a m t einzureichen.

Deutlich schreiben!   Nichtzutreffendes streichen!

1. P e r s o n a l a n g a b e n: Name: .... Vorname: ....
geboren am .... in .... Staatsangehörigkeit:..........................
Anschrift: ....
Beruf des Vaters (auch wenn nicht mehr ausgeübt oder Vater gestorben):
.... Anzahl der Geschwister: .... Haben Sie Ihre deutschblütige
Abstammung nachgewiesen? Ja — nein, A r b e i t s d i e n s t abgeleistet? Ja —
nein, W e h r p f l i c h t abgeleistet? Ja — nein.

2. S c h u l b i l d u n g: .... Jahre Volksschule, ... Jahre Hauptschule, ... Jahre
Mittelschule, ... Jahre Höhere Schule, welcher Art? ....
Letzte mit Erfolg besuchte Klasse: .... Erreichtes Schulziel (z. B. Mittlere
Reife): .... Wann? .... Aus welcher
Schule entlassen? .... Schulort: ....

3. Studium beabsichtigt an der Ingenieurschule — Bauschule — ....
Fachrichtung: .... Dauer: ....

4. Bereits ausgeübte praktische Tätigkeit: *)

	Firma	von — bis	Tätigkeitsart
1.			
2.			

Facharbeiter- oder Gesellenprüfung abgelegt? Ja — nein. Wann? ....
Nummer des Arbeitsbuches (siehe Seite 1 des Arbeitsbuches): ....

5. N u n m e h r g e w ü n s c h t e p r a k t i s c h e U n t e r w e i s u n g:
Dauer der Ausbildungszeit: .... Monate, von .... bis ....
Besondere Wünsche **) hinsichtlich der Ausbildungsfirma, des Arbeitsortes usw.:
....

6. B e m e r k u n g e n: ....
....

....
(Ort und Datum)   (Unterschrift des Vaters oder gesetzl. Vertreters)   (Unterschrift des Bewerbers)

*) Zeugnisabschriften beilegen!
**) Berücksichtigung dieser Wünsche vorbehalten.

4. Der Praktikant im Betrieb

Alles Wissensnotwendige über das Verhalten im Betrieb findet der Praktikant in der Betriebsordnung[1]), die er durch Unterschreiben des Praktikantenvertrags als bindend anerkennt. Hieraus folgt, daß sich seine Stellung äußerlich in nichts von der eines jeden anderen Gefolgschaftsmitgliedes unterscheidet. Er ist beispielsweise streng an die Arbeitszeit gebunden und hat nur mit Erlaubnis seines Meisters das Werk außer der Zeit zu verlassen. Weiterhin ist es ihm nicht gestattet, nach Belieben seinen Arbeitsplatz zu verlassen und den Betrieb studienhalber zu durchwandern. Gerade der Jungpraktikant muß zunächst lernen, wie es ist, die volle Arbeitszeit ohne Ablenkung an seinem Arbeitsplatz zuzubringen. Es mag zunächst eine ungewohnte Tätigkeit sein; jedoch lernt der Praktikant als ein künftiger Führer im Wirtschaftsleben nur auf dem Wege eigenen Erlebens die Arbeit seiner künftigen Gefolgsleute richtig einschätzen.

In das Gesamtgeschehen des Betriebs wird der Praktikant durch Rundgänge oder Besichtigungen eingeführt, die zweckmäßig der Ausbildungsleiter mit den Praktikanten öfters vornimmt. In den späteren Monaten wird man dem Praktikanten immer mehr Gelegenheit geben, besondere, vielleicht gar nur einmalige Arbeiten des Betriebs kennenzulernen, selbst wenn hierdurch die laufende Arbeit des Praktikanten vorübergehend unterbrochen werden muß. Der Praktikant soll sich überhaupt nicht scheuen, sich durch offenes Fragen bei Facharbeitern, bei seinem Meister oder bei sonstigen Vorgesetzten Klarheit über alle Arbeitsvorgänge zu verschaffen. Die gelegentliche Besichtigung eines Nachbarwerkes unter sachkundiger Führung ist zu empfehlen.

Grundsätzlich sei auf eines hingewiesen: Der Praktikant hat den Gewinn von seiner praktischen Tätigkeit, den er sich selbst erarbeitet. Wer den Betrieb mit dem Gedanken betritt, daß die bevorstehenden 8 oder mehr Stunden verlorene Zeit seien und dauernd stöhnt, es möge doch bald Feierabend sein, der wird keinen entscheidenden Gewinn von seiner Praktikantenzeit davontragen!

---

[1]) Die Betriebsordnung wird von dem Betriebsführer erlassen, der sie vorher mit dem Vertrauensrat beraten hat. Sie beruht auf den Bestimmungen des „Gesetzes zur Ordnung der nationalen Arbeit". Sie regelt die Arbeitsbedingungen: Arbeitszeit, Pausen, Zahltermine, Abzüge für Steuern und Sozialversicherung, Berechnung der Akkordarbeit, Bußen, Kündigung und Unfallbestimmungen.

Wer meint, daß es eben ein notwendiges Übel sei, mit „Arbeitern" zusammen sein zu müssen, wird keine reine Freude an seiner Praktikantenzeit haben! Er besitzt nicht die inneren Voraussetzungen, Ingenieur zu werden.

Wer sich einbildet, daß er eine Mission zu erfüllen habe und den schwerarbeitenden Gefolgschaftsmitgliedern Trost zusprechen und auf die Arbeitsverhältnisse schimpfen müsse, soll besser seine eigene Berufswahl nochmals einer Prüfung unterziehen!

Es ist ja so billig, über die „schlechte Organisation", über den „ungerechten Kalkulator" oder das „miserable Werkzeug" zu murren, offenbart aber recht wenig Rückgrat. Es ist ein täppischer Versuch, sich bei solchen Mitarbeitern beliebt zu machen, die selbst noch nicht den Ansatzpunkt zu verantwortungsbewußter Mitarbeit gefunden haben.

Wenn die Arbeit aus irgendwelchen Gründen einmal ins Stocken gerät, dann zeigt es sich, ob in dem künftigen Ingenieur die Führereigenschaften vorhanden sind, deren Einsatz später von entscheidender Wichtigkeit ist!

Nicht Verzagen, Spötteln, Moralisieren oder Miesmachen beseitigt eine Störung, sondern diszipliniertes Verhalten, klare Beurteilung, entschlossenes Zupacken und kameradschaftliche Hilfsbereitschaft! Solche Führereigenschaften sind nicht auf der Schulbank zu erlernen, sondern im Kampf mit den Widerwärtigkeiten zu erarbeiten.

Das ist der tiefere Sinn der praktischen Tätigkeit! Der Praktikant, der meist seinen Arbeits- und Wehrdienst bereits hinter sich hat, hat dort sowie in der Formation und allen Erziehungsstätten gelernt, welches seine Pflichten als deutscher Volksgenosse sind. Jetzt gilt es, alle diese Gesetze unserer nationalsozialistischen Weltanschauung im Berufsleben anzuwenden. Im Überwinden von Störungen, im Erforschen von Verlustursachen, im Verhindern von Fehlern, im Steigern von Leistungen, im Beisammensein mit den Arbeitskameraden, in der Einstellung zum Vorgesetzten, in all dem sieht der Praktikant die besten Gelegenheiten, seine Haltung zu beweisen.

Sie gründet sich auf das Wissen, daß alle Arbeit dem Aufbau des Großdeutschen Reiches dient, und erstarkt immer wieder durch den Blick auf den Führer, das mahnende Vorbild an Pflichterfüllung.

II. Grundlagen zum Verständnis der Fertigung

5. Übersicht über die Entstehung einer Maschine

Es ist eigentlich merkwürdig und sicherlich eine Lücke in der „allgemeinen" Bildung, daß wir von verhältnismäßig wenigen landläufigen Fertigerzeugnissen ihre Entstehungsgeschichte kennen. Ganz besonders peinlich empfindet dies der junge Mann, der zum erstenmal in eine Maschinenwerkstatt tritt. Er hat seinen Beruf im allgemeinen nach Gesichtspunkten gewählt, die ihm bei diesem Schritt plötzlich als ganz abstrakt bewußt werden. Es fehlt zunächst die gedankliche Verbindung zwischen dem scheinbar zusammenhanglosen Schaffen rings um ihn und dem fertigen Ganzen, das er immer vor Augen hatte, wenn er an seine künftige Lebensaufgabe dachte.

Diese Verbindung herzustellen soll im folgenden versucht werden. Leider zwingt die Rücksicht auf die Verschiedenartigkeit der Erzeugnisse, die die Gesamtheit der Leser dieses Buches vor sich jeweils entstehen sieht, hier von Maschinen und Maschinenteilen ganz im allgemeinen zu sprechen. Sollten Unklarheiten im Einzelfalle bestehen, so hat hoffentlich diese allgemeine Darstellung wenigstens den Erfolg, daß sie eine richtige Fragestellung an die ermöglicht, die belehren können.

Kraftmaschinen, Arbeitsmaschinen, Kraftübertragung. Ganz allgemein ist eine Maschine eine Vereinigung beweglicher und festgehaltener Teile zur Umwandlung mechanischer Arbeit. Je nachdem in der Maschine die Naturkraft, von der wir stets die Arbeit entnehmen, in Gestalt von Wasser, Dampf, Gas usw. selbst wirkt oder die Maschine zur Leistung ihrer Arbeit erst von einer anderen Maschine angetrieben werden muß, scheiden sich die Maschinen allgemein in Kraft- und in Arbeitsmaschinen. Das Zwischenglied, die Verbindung, durch die die Arbeitsmaschinen von den Kraftmaschinen ihren Antrieb erhalten, ist eine Transmission (Kraftübertragung), ein einfacher Riementrieb, ein Reib- oder ein Rädertrieb.

Verluste. Bei beiden Arten von Maschinen ist das Auge des Ingenieurs stets mit besonderem Interesse auf einen Punkt gerichtet: Die Kraftmaschine, zu der auch der Krafterzeuger (z. B. Dampfkessel) hinzugehört, erhält Naturkraft zugeführt und leistet nutzbare Antriebsarbeit, die Arbeitsmaschine erhält Antriebsarbeit zugeführt und leistet damit die Nutzarbeit, für deren Verrichtung sie bestimmt ist. Auf diesem Wege soll möglichst wenig von der kostbaren Naturkraft (Wasserkraft, Elektrizität, Kohle,

Treiböl usw.) verloren gehen. Verluste an sich sind unvermeidlich: .sie rühren her von unvollkommener Dichtigkeit, unerwünschter oder mangelhafter Kondensation, von der Reibung der Teile aneinander, dem Luftwiderstand, Erschütterungen, Formänderungen, Wirbelströmen usw.

Überwachung. In der größtmöglichen Verringerung der Verluste liegt eines der Hauptziele des Maschinenbaues. Daher beobachtet sie der Ingenieur ständig. Er mißt bei jeder Maschine die veränderlichen Größen, vor allem die geleistete Nutzarbeit und die hineingesteckte Arbeit und setzt beide dadurch in Beziehung, daß er einen Bruch schreibt, dessen Zähler die Nutzarbeit, dessen Nenner die eingeleitete Arbeit ist. Wären beide gleich groß, also die Maschine ideal, so hätte dieser Bruch seinen Höchstwert 1. So aber ist stets der Zähler kleiner als der Nenner, folglich der Bruch kleiner als 1.

Wirkungsgrad. Man bezeichnet den Bruch mit dem griechischen Buchstaben η (eta) und nennt ihn „Wirkungsgrad". η hat im ganz rohen Durchschnitt bei Dampfkesseln einen in der Gegend von 0,7 bis 0,8, bei Kraftmaschinen einen bei 0,8 bis 0,9 liegenden Wert, steigt jedoch unter günstigen Umständen bis in die Gegend von 0,85. Bei größeren elektrischen Maschinen liegt der Wirkungsgrad über 0,9. Näheres über den Wärmewirkungsgrad, über den Wirkungsgrad von Anlageteilen und über den von ganzen Anlagen siehe S. 44.

Bei Maschinen, die nicht voll belastet sind, verschlingen die Widerstände, die immer vorhanden sind, natürlich einen größeren Prozentsatz der in die Maschine gesandten Naturkraft; der Wirkungsgrad ist also geringer als bei Vollast. Bei Überlastung einer Maschine wiederum vergrößern sich infolge der übermäßigen Anstrengung aller Teile die Widerstände unverhältnismäßig, so daß der Wirkungsgrad dann ebenfalls geringer ist. Jede Maschine hat also bei der Last, für die sie gebaut ist, den besten Wirkungsgrad.

Ebenso wie man vom Wirkungsgrad einer Maschine spricht, kann man auch vom Wirkungsgrad einer Vielheit von Maschinen, dem „wirtschaftlichen Wirkungsgrad einer Anlage" sprechen. Guter wirtschaftlicher Wirkungsgrad einer Anlage ist natürlich letzten Endes wichtiger als der Wirkungsgrad der einzelnen Maschine. Die Ermittlung von jenem ist schwierig und umständlich, z. B. auf statistischem Wege oder bei elektrischem Betriebe mit Hilfe von Elektrizitätszählern zu erreichen. Er wird wesentlich beeinflußt durch die richtige Wahl der Antriebsmaschinen und deren Zusammenfassung zu voll ausgenutzten Betriebseinheiten. Die Sorge, diesen Wirkungsgrad möglichst hoch zu bringen, ist eine wesentliche Aufgabe des Betriebsleiters.

Schließlich kann man von Wirkungsgraden ganzer Werke, ja Industrien und Volkswirtschaften sprechen. Immer ist der Gesamtwirkungsgrad am höchsten, wenn — ein nie erreichbarer Idealfall! — alle Teilwirkungsgrade g l e i c h z e i t i g ihren Höchstwert haben. Der Blick darf daher nie nur an dem Einzelwirkungsgrad haften, sondern muß stets auf den Wirkungsgrad des Ganzen gerichtet bleiben, ohne deshalb den Einzelwirkungsgrad zu vernachlässigen, geradeso wie der einzelne Mensch, so wichtig es ist, daß er tüchtig sei, doch letzten Endes erst in seiner Funktion als Glied der Gesamtheit gewertet wird.

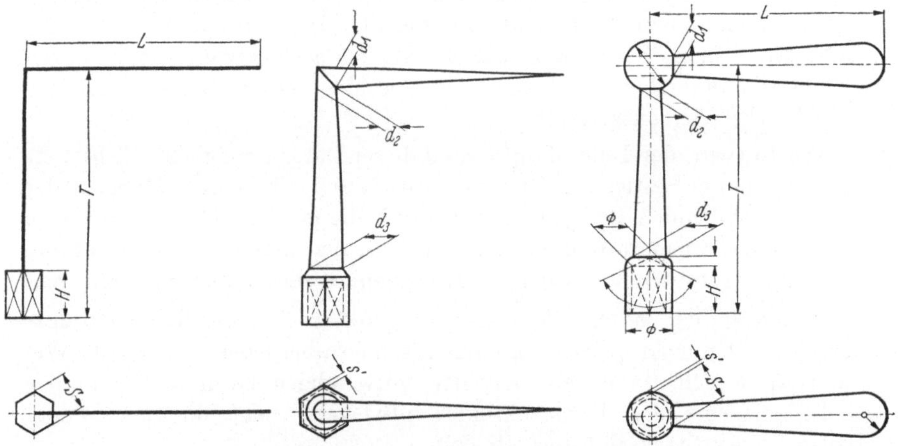

Maßarten eines Werkstückes (Steckschlüssel).

Links. Konstruktionsmaße. L Hebellänge (mindestens Handbreite); H Mutterhöhe und Höhe des überstehenden Gewindebolzens; T Tiefenmaß; S Schlüsselweite.

Mitte. Werkstoffmaße. Beanspruchte Teile des Werkstückes: Querschnitt d_1 auf Biegung; d_2 auf Verdrehung; d_3 auf Verdrehung und Biegung; Wanddicke s' auf Zug.

Rechts. Fertigkonstruktion des Steckschlüssels. Die nicht mit Buchstaben bezeichneten Maße sind Formmaße. (Masch.-Bau/Betrieb Bd. 18 (1939) S. 553)

Drei Entstehungsabschnitte. Um eine Anlage zur Aufnahme des Rohstoffes „Naturkraft" und dessen Wandlung in „Nutzarbeit" zu schaffen, bedarf es dreier Tätigkeiten: 1. des Konstruierens, 2. der Fertigung und 3. der Aufstellung oder, bei beweglichen Maschinen, der Beförderung an den Lieferort.

Konstruieren. Das Konstruieren ist Sache des Konstruktionsingenieurs. Er beginnt, falls es sich um die Neukonstruktion einer in dieser Gestalt von der betr. Fabrik bisher noch nicht hergestellten Maschine handelt, mit der Zusammenstellung der zu der Anlage erforderlichen Teile in ihrer Grundgestalt. Darauf folgt die Berechnung, die übrigens von nun ab ständig, auch neben und in den weiteren Tätigkeiten, auftritt. Aus den zunächst rein geometrischen Grundlagen des Entwurfs werden mit den sich aus ihm ergebenden Maßen und den dem Ingenieur bekannten Eigenschaften der eingeführten Kraft die in dem ganzen System und in jedem einzelnen seiner Teile herrschenden mechanischen Kräfte genau berechnet und untersucht. Hierauf werden die für Aufnahme und Fortleitung dieser Kräfte geeignetsten oder durch die Fertigung und die Aufgaben des Maschinenteils bedingten Baustoffe oder Werkstoffe. ausgewählt.

Der Entwurf der Teile ist auf Grund dieser Daten ermöglicht. Er besteht vor allem in der Festlegung der Querschnitte der Teile nach Maßgabe der auf sie entfallenden Beanspruchung durch die mechanischen Kräfte beim Entstehen, Transport und Betrieb der Maschine und des dem gewählten Baustoff zuzumutenden Widerstands gegenüber diesen Beanspruchungen.

Grundsätzlich gelten diese Gesichtspunkte für jede Konstruktionsarbeit, nicht nur an ganzen Maschinen, sondern bei jedem Einzelteil. Wie die Gestalt sich stufenweise aus den notwendigen Grundmaßen in der Gedankenarbeit des Konstrukteurs entwickelt, zeigt das abgebildete Beispiel eines Steckschlüssels. (S. 29)

Durchkonstruieren. Die Arbeit des Konstruktionsingenieurs wird beendet durch das „Durchkonstruieren" der entworfenen Teile, eine Tätigkeit, die häufig das Leben eines Werkes beherrscht. Sie besteht in der immer vollkommeneren Anpassung der Abmessungen und der Form der Teile an ihren Zweck und ihre Herstellung. Die fertig konstruierten Teile verlassen die Hand des Konstrukteurs in Gestalt von genauen Zeichnungen, die sämtliche zur Fertigung des dargestellten Gegenstandes erforderlichen Maßzahlen enthalten und alle an dem Stück vorzunehmenden Arbeiten, die „Bearbeitungen", genau ersichtlich machen müssen. Diese „Werkzeichnungen" sind an sich ein Fertigfabrikat und lösen sich als solches von Erzeuger und Erzeugungsstätte, dem Konstruktionsbüro, zu selbständigem Dasein ab.

Sie bilden die Grundlage der Fertigung, früher Fabrikation genannt.

Die Fertigung ist Angelegenheit der Betriebsingenieure. Sie stehen an der Spitze der Betriebe, die nötig sind, um die Teile aus den vorgeschriebenen verschiedenen Baustoffen herzustellen.

Werkstoffe. Die im Maschinenbau verwendeten Materialien müssen sämtlich die Eigenschaft besitzen, die Kräfte, deren Träger sie werden, ohne merkbare Änderung ihrer Form fortzuleiten. Vorherrschend sind die Metalle: Eisen und Stahl, Aluminium, Magnesium, Zink und deren Legierungen, Kupfer, Bronze, Messing. Bei manchen Maschinen kommen noch weitere Werkstoffe in Betracht, z. B. Holz, Kunststoffe, Steinzeug, Glas und Gummi.

Die Auswahl der Werkstoffe für jeden einzelnen Teil geschieht auf Grund folgender Rücksichten: 1. Festigkeit, 2. Herstellungsmöglichkeit, 3. Verfügbarkeit im Rahmen der deutschen Wirtschaft oder aufgrund von gesetzlichen Anordnungen, 4. Preis, 5. Bearbeitbarkeit, 6. bei manchen Maschinenteilen Abnutzung infolge ihres ständigen Aufeinanderreibens. Im Hinblick auf diese Forderungen verhalten sich alle Werkstoffe verschieden. In den meisten Fällen erfüllt kein Werkstoff die Summe der gerade vorliegenden Forderungen gleichzeitig. Je nach dem Zweck und dem Vorherrschen einer Forderung vor vielen, oft sich widerstreitenden Forderungen erscheint ein bestimmter Baustoff am geeignetsten. Dieser wird dann gewählt. Die Rücksicht auf das Aussehen der Teile spielt im allgemeinen keine Rolle. Um ein Urteil über die Güte der zur Verwendung kommenden Werkstoffe zu bekommen, untersucht man Proben davon auf ihre Eigenschaften und ihr Verhalten: die Werkstoffprüfung.

Man wird stets die im Lande gefundenen oder verarbeiteten Stoffe vor den eingeführten bevorzugen. In diesem Sinne sind seit dem Vierjahresplan überall in weitgehendem Maße Werkstoffe aus den Konstruktionen verschwunden, deren unbegrenzte Einfuhr die Unabhängigkeit Deutschlands in Frage stellen würde. Unsere neuen Werkstoffe übertreffen in manchem die alten; jedenfalls ist es abwegig, sich unter „Ersatz" etwas Minderwertiges vorzustellen.

Für die Anfertigung verwickelt geformter Gegenstände wählt man zweckmäßig den Guß, wenn nicht zur Zusammensetzung aus einzelnen Teilen durchaus gegriffen werden muß. Denn diese ist, soll sie zuverlässig sein, meist teurer. Als Werkstoff dient Gußeisen oder bei höherer Beanspruchung Stahlguß. Von geschmiedeten Werkstoffen unterscheidet sie der Ingenieur äußerlich durch die für das geschulte Auge kenntliche besondere Formgebung. Außerdem unterscheiden sich schmiedbares Eisen und Gußeisen durch Glanz, Gefüge und Farbe der Oberfläche und des Bruchs.

Der Guß verlangt eine Form, zu deren Herstellung in der Regel ein Modell benutzt wird. Es hat die Gestalt des zu gießenden Gegenstandes,

wird meist aus Holz hergestellt und in bildsamen Sand eingesenkt. Nach
Herausnahme des Modells behält die Formmasse den „Abdruck" bei, der
dann mit flüssigem Metall ausgefüllt wird. Der erhebliche Preis des Modells
verteuert den auszuführenden Gegenstand wesentlich. Dieser Kostenzu-
schlag wird nur durch mehrfache Verwendung desselben Modells auf einen
je Abguss geringen Betrag gebracht. Benutzung bereits vorhandener
Modelle spielt deshalb in der Praxis eine große Rolle.

Gußeisen wird gewöhnlich nicht mit so hoher Festigkeit hergestellt
wie Stahl. Schmiedestücke müssen in der Form einfach gehalten werden,
damit sie möglichst schnell geschmiedet werden können. Andernfalls
erkalten sie während des Schmiedens und müssen von neuem warm gemacht werden, um weitergeschmiedet werden zu können. Jedes Warmmachen erzeugt „Abbrand" (d. h. ein Teil des Stahls verbrennt, oxydiert
im Feuer), und seine häufige Wiederholung macht den Werkstoff weniger
fest, verschlechtert ihn.

Gießerei, Schmiede. Die Schmiede und die Gießerei mit der ihr zur
Seite stehenden Modelltischlerei sind somit die Erzeugungsstätten der
rohen Maschinenteile. Die roh angefertigten Gegenstände bedürfen der
weiteren Bearbeitung auf Werkzeugmaschinen oder (selten) durch Handarbeit. Diese wird möglichst eingeschränkt, weil sie teurer und ungenauer
ist als die Maschinenarbeit. Größere Berührungsflächen der zu verbindenden
Teile bearbeitet (glättet und ebnet) man nicht in der ganzen Erstreckung,
sondern man beschränkt die Bearbeitung auf einzelne vorstehende Flächen-
teile, sogenannte „Arbeitsleisten". Der Leser braucht sich nur in der Werkstatt umzusehen und er wird sie an zahlreichen Werkstücken finden.

Schlosserei, mechanische Werkstätten. Die Bearbeitung der Rohteile
geht nun, wenn nur „von Hand" möglich, in der Schlosserei vor sich.
Die Bearbeitung durch Maschinen findet in den sogenannten „mechanischen Werkstätten" statt. Außerdem gehören zur Fertigung noch
eine Anzahl kleinerer Werkstätten, meist irgendeinem der vorerwähnten
Betriebe mit angegliedert, wie Kupferschmiede für Rohrverbindungen,
Klempnerei für Lötungen und Blecharbeiten, Härterei für Veredelung
besonders in Anspruch genommener Oberflächen u. s. f. Je nach der Art
der gebauten Maschinen finden sich ferner noch Schweißerei, Träger-
Nietabteilung, Kesselschmiede u. a.

Montage. Alle diese Abteilungen oder Betriebe liefern die fertig her-
gerichteten Teile in die Montage, in der die Teile zusammengepaßt und
miteinander verbunden werden.

Zur Verbindung der einzelnen Maschinenteile untereinander bedient sich der Maschinenbau vor allem der Schrauben. Diese sieht

man deshalb in ihren verschiedenen Formen (Stiftschrauben, Schaftschrauben, Kopfschrauben u. ä.) und Größen überall in der Montagehalle. Ferner sind Verbindungsmittel der einfache zylindrische Bolzen, der vor dem Herausfallen durch einen quer durch sein Ende gestecktes Stück Draht, einen sogenannten „Splint", geschützt wird — dann der Keil, den wohl auch jeder Laie als einen solchen erkennt, und die „Feder", d. i. ein rein prismatischer dünner Stab zur Befestigung von Scheiben oder Rädern auf ihren Achsen. Von diesen sogenannten lösbaren Verbindungen unterscheidet sich als „unlösbare" die Nietverbindung. Der Niet ist zunächst nichts weiter als ein kräftiger Nagel, der durch eine Reihe von durchlochten Blechen oder Scheiben gesteckt wird und dessen Herausfallen durch Breitschlagen des spitzen Endes in sachgemäßer Form verhindert wird. Wird er glühend heiß „eingezogen" und durch Breitschlagen des freien Endes mit einem zweiten Kopf versehen, so preßt er durch sein Streben, nach Verkürzung beim Erkalten die zwischen beiden Köpfen liegenden Teile mit außerordentlich großer Kraft zusammen. Ein Niet kann natürlich aus seinem Loche nur gewaltsam, durch Abtrennen eines Kopfes mit dem Meißel, entfernt werden. Infolgedessen ist er für normale Verhältnisse unlösbar. Als unlösbar ist auch die Schweißverbindung und als beschränkt lösbar die Lötverbindung anzusehen. Schweißen und Löten sind aber meist in die Fertigung eingegliedert und gehören weniger zum Zusammenbau.

Bewegliche Maschinen, wie Lokomotiven, Lokomobilen und Kraftwagen sowie kleinere Maschinen, die fertig montiert die für das verfügbare Beförderungsmittel (Eisenbahn, Schiff, Lastwagen) zulässigen Gewichte und Abmessungen nicht überschreiten und die ohne besondere Kunstgriffe aufgestellt werden können, werden vollkommen fix und fertig zusammengestellt und entweder als Ganzes oder in wenige Hauptteile mit daran hängenden Nebenteilen getrennt verfrachtet. Diese Art Maschinen wird im allgemeinen „ab Werk" geliefert, d. h. die Arbeit der Maschinenfabrik ist beendet mit dem Augenblick, wo das Erzeugnis die Fabriktore verläßt.

Auswärts-Montage. Anders bei größeren Maschinen, deren Beförderung völlige Zerlegung, deren Aufbau am Bestimmungsort sorgfältige Fundamentierung erfordert. Zwar werden auch diese in der Montagehalle in allen Metallteilen sorgfältigst zusammengepaßt, sie werden jedoch, nach sorgfältiger Kennzeichnung aller Einzelteile, wieder auseinandergenommen und von den Monteuren der Fabrik erst am Lieferungsorte betriebsfertig gemacht, der bisweilen Tausende von Kilometer entfernt, ja jenseits von Ozeanen liegt. Die Fabrik läßt sich trotz aller derartiger Schwierigkeiten, deren Kosten ja auch der Abnehmer trägt, die Montage an Ort und Stelle gar nicht gern abnehmen, da von der sachgemäßen Einbettung in das (aus Beton und Stahl hergestellte) Fundament und der sachgemäßen

Aufstellung und Zusammenfügung aller Teile das tadellose Arbeiten der Maschine sehr wesentlich abhängt. Große maschinelle Einheiten können nur von besonders erfahrenen, eingearbeiteten Leuten in Betrieb gesetzt werden.

Erst bei tadellosem Betrieb werden solche Maschinen vom Besteller „abgenommen", und damit erst schließt der Werdegang der Maschine ab.

Dies war kurz die Entstehung der Erzeugnisse in Fabriken des reinen Maschinenbaues. Auf Sonderheiten anderer Werke sowie auf Einzelheiten aus dem Werdegang hinzuweisen, wird Aufgabe späterer Abschnitte sein.

6. Vom Maschinenbau zur neuzeitlichen Fertigung

Arbeitsteilung. Von Anfang an trug die gewerbsmäßige Herstellung der Maschinen Keim und Drang zur Arbeitsteilung in sich, d. h. zur Verteilung der einzelnen Arbeitsabschnitte unter gesonderte Gruppen von Menschen (Konstruktionsbüro, Rohstoff- und Bearbeitungswerkstätten und Montage), und innerhalb dieser wiederum unter Gruppen (Kolonnen) und schließlich einzelne Menschen.

Mit der Schaffung dieser Arbeitsgruppen und ihrer weiteren Unterteilung tat man den entscheidenden Schritt vom Handwerk zur Fabrik. Durch die sofort erforderlichen großen Maschinen wurden zahlreiche Arbeiter nötig, und der Bau von Maschinen bildete sich gleich von Anfang an fabrikmäßig aus.

Ein weiterer Antrieb zur fabrikationsweisen Herstellung von Maschinenteilen lag von Anfang an in der Arbeitsteilung auch der einzelnen Werke untereinander. Newcomen, einer der ersten Dampfmaschinen-Ingenieure, schuf und baute sich die Bohrmaschine zur Ausbohrung des Dampfzylinders noch selber, aber schon die nächsten Nachfolger hätten dies, selbst wenn sie wollten, nicht gedurft, denn die Zylinderbohrmaschine wurde Newcomen patentiert. Er baute sie nun für die anderen. So schieden sich von Anfang an Dampfmaschinen- und Werkzeugmaschinenfabriken. Als später Fulton das erste Dampfschiff, Stephenson die erste Lokomotive erbaute, wurden aus der Herstellung von Lokomotiven und Schiffsmaschinen ebenfalls neue Sondergebiete; Fowler, der Erfinder des Dampfpfluges, betrieb dessen Herstellung als ausschließliche Spezialität; und so teilten sich die einzelnen Fabriken ganz von selbst in die Gesamtarbeit des Maschinenbaues.

Bald erkannte man die großen Vorteile, die solche anfangs zwangsweise Arbeitsteilung mit sich brachte: da nämlich erfahrungsgemäß jede Arbeit von dem am besten und schnellsten ausgeführt wird, der sie am häufigsten ja womöglich ausschließlich und ununterbrochen ausführt, so lag darin der Antrieb, die von einer Fabrik übernommene Spezialität nun auch wiederum in eine Summe von Einzelspezialitäten aufzulösen, deren Herstellung einzelnen Arbeitsgruppen ausschließlich anheimfiel.

Organisation. Mit der zunehmenden Gliederung der Betriebe wuchs die Notwendigkeit und Verantwortlichkeit ihrer einheitlichen Oberleitung, und immer mehr wurden die Konstruktions- und die Betriebsingenieure, anfangs die Organisatoren, Leiter und häufig auch Besitzer der Fabriken, aus dieser Stellung verdrängt und durch kaufmännisch und ausdrücklich organisatorisch geschulte Kräfte ersetzt, sofern sie nicht selbst aus ihrer rein technischen in diese verwaltende Rolle hineinwuchsen.

Wettbewerb erzwingt Wirtschaftlichkeit. Die Grundsätze, die sich am allerfrühesten als Leitsätze der planmäßigen Fertigung herausgebildet hatten, erwuchsen aus dem Zwange des Wettbewerbs. Nur unmittelbar nach einer Neukonstruktion treten für ein paar Monate die Kosten der Maschine hinter der Frage ihrer technischen Vervollkommnung zurück. Kaum aber ist das Stadium der ersten Kinderkrankheiten überwunden, so haben sich auch die Wettbewerber bereits der Idee bemächtigt und setzen ihrerseits eine ähnliche, natürlich billigere Maschine in die Welt. Dem ersten Hersteller hilft es nicht viel, daß wirklich vielleicht seine Maschinen technisch etwas vollkommener sind als die Nachahmungen, wenn sie nicht auch ebenso billig oder billiger sind.

Die Billigkeit einer Maschine ergibt sich nun glücklicherweise in den weitaus meisten Fällen und in den Augen der meisten Abnehmer nicht allein durch ihren Anschaffungspreis, sondern auch durch ihre Betriebskosten. Kostet die von der einen Maschine nutzbar abgegebene Pferdestärke z. B. je Stunde 1 Pf. weniger als bei einer anderen, so wird sie, selbst bei höherem Anschaffungspreis, oft dieser vorgezogen werden. Denn bei 100 Pferdestärken und 300 Arbeitstagen zu je 8 Stunden braucht die „teurere" Maschine um $100 \cdot 300 \cdot 8 = 240\,000$ Pf. $= 2400$ RM. jährlich weniger zur Erzeugung derselben Leistung als die „billige". Da nun mehr oder weniger sparsames Erzeugen der gewünschten Leistung abhängt von dem Wirkungsgrad der Maschine und dieser wiederum ein Maß für ihre technische Vollkommenheit bildet, so kommt auf diesen Umweg auch aus wirtschaftlichen Gründen die Notwendigkeit zur Geltung, die Maschine nicht nur so billig, sondern auch so vollkommen, wie bei diesem Preise eben möglich, zu bauen.

Grundsatz der Wirtschaftlichkeit. Der oberste Grundsatz der technischen Fertigung ist demnach das Streben nach dem Ziel: „Bau vollkommenster und doch billigster Maschinen" oder Erstreben der größten Wirkung mit geringstem Aufwand!

Dieser Leitgedanke geht durch alle Anordnungen in unseren Fabriken hindurch: er ist der unsichtbare, aber überall fühlbare Beherrscher aller unserer höchst entwickelten Betriebe. Nur an ein paar willkürlich herausgegriffenen Beispielen sei sein Einfluß gezeigt.

Senkung der Selbstkosten. Vor allem führt dieser Leitgedanke zur höchsten Vervollkommnung der anfangs bereits erwähnten Arbeitsteilung. Das rohe, unbearbeitete Stück, aus dem ein Maschinenteil hergestellt werden soll, kostet der Fabrik eine bestimmte Summe. Die gesamten Kosten des fertigen Stücks, meist ein Vielfaches dieser Summe, kommen heraus, wenn man zu ihr die Kosten der Bearbeitung durch Maschinen oder Menschen addiert. Diesen beträchtlichsten Teil der „Selbstkosten" oder „Produktionskosten" des Stücks zu verringern, ist nun der Hauptvorteil der Arbeitsteilung. Stellt beispielsweise ein mit 10 RM. täglich entlohnter Arbeiter am Tage fünf Stück von dem in Frage stehenden Teil fertig, so betragen die Lohnkosten je Stück 2 RM. Ist er aber durch tägliche, ja jahrelange Wiederholung derselben Arbeit an demselben Stück dahin gelangt, ohne größere Anstrengung die tägliche Stückzahl auf 10 zu erhöhen, so kostet das Stück nur noch 1 RM. Derartige Leistungssteigerungen werden nun durch die verfeinerte Arbeitsteilung tatsächlich erreicht, und ihr Nutzen wird daraus klar.

Spezialisierung. Auch die zweite Art der Arbeitsteilung trägt zur Annäherung an das Ideal der höchsten Wirkung mit geringstem Aufwand bei: die Spezialisierung der Fabrikation auf bestimmte Sorten von Maschinen, ja auf eine einzige Sorte, auf einen einzigen Typ, schließlich sogar nur auf bestimmte Maschinenteile. Es ist von vornherein klar, daß ein Werk umso weniger Konstrukteure zum Entwerfen braucht, je geringer die Mannigfaltigkeit der erzeugten Stücke ist. Hierdurch verringern sich die Kosten des Konstruktionsbüros wesentlich, ja sie fallen bisweilen, wie z. B. in Schrauben- und Mutternfabriken, ganz fort. Eine Fabrik, die ein Sondererzeugnis ausschließlich herstellt und mit allen ihren Einrichtungen Jahre hindurch ohne Veränderung fortarbeitet, wird offenbar Fabrikate von derselben Güte bedeutend billiger herstellen als eine vielleicht an sich viel besser eingerichtete und geleitete Fabrik, die zur Herstellung dieses gleichen Gegenstandes erst alle Einrichtungen entsprechend abändern oder gar neu schaffen muß, um sie nach kurzer Zeit für andere Fabrikate wieder umzuändern oder ganz zu verwerfen. Aber es sinkt nicht allein der Preis bei gleicher Güte, nein, es steigt sogar noch obendrein die Güte des Spezialerzeugnisses gegenüber dem gelegentlich verfertigten. Bei unausgesetztem Nachdenken über die günstigste Herstellung eines Teils, bei jahrelanger Erfahrung steigt natürlich die Wahrscheinlichkeit, daß wirklich die höchste Zweckmäßigkeit und Dauerhaftigkeit erreicht wird.

Verringerte Unkostenzuschläge. Durch Arbeitsteilung wie durch Spezialisierung ergibt sich aber noch ein weiterer Vorteil zugunsten billiger Fertigung: Maschinen, Gebäude, Fabrikgelände usw. bedürfen der ständigen Unterhaltung, das in ihnen steckende Geld muß verzinst und getilgt werden, kurz, die Fabrik als Ganzes bedarf zu ihrer bloßen Erhaltung einer

Reihe von Geldausgaben, die natürlich ebenfalls zu den Selbstkosten der Erzeugnisse zugeschlagen werden müssen, ehe man an ein Verdienen denken kann. Diese laufenden Unkosten stellen eine ziemlich gleichbleibende Größe dar, gleichgültig, ob die Fabrik weniger oder mehr erzeugt. Dividiert man nun die Unkosten durch die Stückzahl der jährlich gefertigten Erzeugnisse so erhält man den „Unkostenzuschlag" je Stück. Dieser Zuschlag wird um so kleiner, je mehr Stücke im Jahr hinausgehen, d. h. je schneller das einzelne hergestellt wird. Somit tragen Arbeitsteilung und Spezialisierung auch durch die aus ihnen folgende größere Schnelligkeit der Herstellung zur Verminderung der Selbstkosten bei.

Kleine Lager. Aus demselben Grunde dürfen die Einzelteile von Maschinen sowie die Rohstoffe und Halbfabrikate nicht länger als nötig in der Fabrik bleiben. Die Lager oder Magazine, wo sie gestapelt werden, muß man also möglichst klein halten, um brachliegendes Geld zu sparen. Bei kontinuierlichen Arbeiten an einem Erzeugnis in fließender Fertigung gelingt es sogar, die Lager teilweise zu entbehren. Bei diesem Verfahren, der fließenden Fertigung, müssen dafür häufig beträchtliche Summen in die Förder- und Sondereinrichtungen gesteckt werden, so daß die Ersparnisse durch Fortfall der Lager oft wieder durch andere Unkosten verschlungen werden.

Maschinenarbeit. Eine weitere Verminderung der Selbskosten erfolgt durch die Bearbeitungsmaschinen. Manche Arbeiten können nur durch Maschinen geleistet werden, da der Mensch zu schwach ist, um sie zu verrichten. Aber heute werden der Maschine auch täglich neue Arbeiten übertragen, die früher durch Handarbeit verrichtet wurden. Sie ersetzen zum Teil mehrere Arbeiter und erfordern zu ihrer Bedienung nur eine Person, laufen teilweise ganz automatisch. Dadurch ersparen sie unmittelbar Arbeitslohn und Arbeitskraft, die überall sehr knapp ist. Aber selbst wenn sie die Arbeit nur eines Mannes, aber schneller verrichten, als dieser es auch bei bester Übung vermöchte, sind sie bisweilen schon berechtigt, da sie dadurch größeren Umsatz und geringeren Unkostenzuschlag je Stück verursachen. Außerdem hat die Maschinenarbeit den Vorteil größerer Gleichmäßigkeit und Zuverlässigkeit der Bearbeitung, so daß sie nicht nur verbilligt, sondern auch die Güte steigert, also zur Erreichung des Ideals nach zwei Seiten hin beiträgt.

Herstellungsrücksichten bei großen Stückzahlen. Die Maschinen können aber ihre Leistungsfänigkeit nur dann voll erweisen, wenn die Werkstücke nicht ständig wechseln, sondern möglichst große Mengen genau gleichartiger Teile auf ihnen bearbeitet werden. Dies zwingt den Hersteller, darauf zu halten, daß in seinem Betriebe möglichst viel gleiche Stücke hergestellt werden: er geht zur Massenfertigung über. Dieser Zwang bedingt besondere Konstruktionen. Die Rücksicht auf die bequeme massenweise Herstellung tritt stärker neben die Notwendigkeit technischer Zweckmäßigkeit Wird die Herstellung um 1 RM. je Stück teurer, dauert sie 10 Minuten länger als unbedingt nötig, so fällt das bei Herstellung von einem oder 10 Stücken nicht so sehr ins Gewicht, aber bei 1000 Stücken macht es 1000 RM. und 167 Stunden aus, und das zählt. Anderseits schafft hier jeder kleine Konstruktionskniff, jede ersparte Handreichung in der Werkstatt mit 10 000, ja Millionen multipliziert, großen Gewinn und Vorsprung vor der Konkurrenz. Bei Massenerzeugung wird weitere Steigerung der Arbeitsteilung nötig und möglich. Jede Sekunde ersparter Bearbeitungszeit fällt hunderttausendfach ins Gewicht, und deshalb sind hier die Vorteile der geübten Hand vor der ungeübten am ehesten zu merken. War es bei der gewöhnlichen Erzeugung nicht möglich, jedem Arbeiter immer ein und dasselbe Stück zur Bearbeitung zu übergeben, einfach deshalb, weil gar nicht ausreichend viel gleiche Stücke vorhanden waren, um die Zeit eines Arbeiters ganz auszufüllen, so ist diese Möglichkeit nunmehr vollauf vorhanden und wird natürlich sofort ausgenutzt. Die Massenfabrikation stellt also die Form der Fertigung dar, in der das Ziel „höchste Wirkung mit geringstem Aufwand" am besten erreicht werden kann, denn sie erlaubt, die Arbeitsteilung aufs höchste zu vervollkommnen, die Maschinenarbeit sehr weitgehend einzuführen und auszunutzen, daher schnellste Herstellung, also größten Umsatz im Jahr.

Normung. Die Durchführung einer erfolgreichen Massenfabrikation setzt die Vereinheitlichung nicht nur in einer Fabrik, sondern in der ganzen Industrie voraus: die Normung. Mit Rücksicht auf ihre Bedeutung für die gesamte Volkswirtschaft ist es angebracht, hier wenigstens ihr Wesen und den augenblicklichen Stand zu umreißen.

Von vornherein sei betont, daß es sich dabei nicht um etwas vollkommen Neues handelt; wer hätte es nicht stets als selbstverständlich angesehen, daß eine Schreibfeder, gleich welcher Herkunft, immer einwandfrei in einen Federhalter beliebiger Marke, oder eine Glühbirne ebenso tadellos in jede Fassung der entsprechenden Größe paßt! Tatsächlich hat man für manche Gegenstände schon seit langem bestimmte Abmessungen vereinbart. Neu ist lediglich, daß nun planmäßig die Vorteile der Normung in alle Zweige des Lebens getragen werden. Früher war manche Firma bestrebt, durch Wahl ausgefallener Maße und Formen den Käufer zu zwingen, sich bei Instandsetzungen oder Ersatzteillieferungen wieder an den Lieferanten zu wenden. Es bestand für manche, ständig gebrauchten Teile geradezu ein Monopol. Folglich waren die Preise entsprechend hoch, und der Käufer hatte den Schaden.

Ein Bedürfnis nach völliger Übereinstimmung gewisser Erzeugnisse entstand in stärkerem Maße erst während des ersten Weltkrieges durch den Massenbedarf des Heeres an Ausrüstungsgegenständen der verschiedensten Art. Um den Heeresbedarf zu vereinheitlichen, wurde damals das Königliche Fabrikationsbüro in Spandau ins Leben gerufen. Bald erkannte man, daß eine Vereinheitlichung des Heeresbedarfs sich nicht getrennt von der Vereinheitlichung der Grundelemente des gesamten Maschinenbaues durchführen ließ. Daher wurde im Mai 1917 der Normalienausschuß für den Maschinenbau gegründet und mit der Aufgabe betraut, die hauptsächlichsten Maschinenelemente, wie Schrauben, Niete, Stifte,

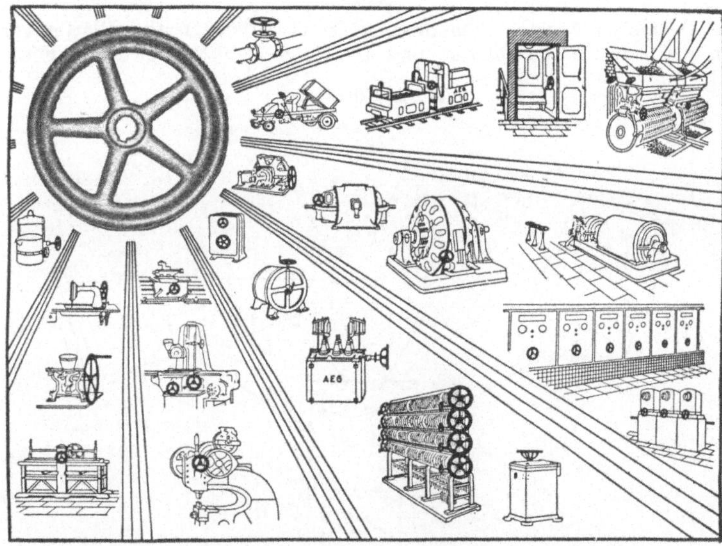

Vielseitige Verwendbarkeit eines Normenteils (TWL 2091)

Keile, zu vereinheitlichen. Bereits nach einem halben Jahre stellte sich heraus, daß eine Vereinheitlichung, die wirklichen Nutzen bringen sollte, von der gesamten deutschen Industrie getragen werden müsse. Der Normalienausschuß für den Maschinenbau wurde deshalb am 22. Dezember 1917 in den Normenausschuß der Deutschen Industrie umgewandelt.

Wenige Jahre später begann sich die Tätigkeit des Normenausschusses bereits auf Gebiete auszudehnen, die nicht mehr zur Industrie gerechnet werden können. Seit 1925/26 umfaßte die Normungsarbeit bereits so viele und wichtige Gebiete außerhalb der Industrie, daß der Name nicht mehr den Tätigkeitsbereich deckte. Es wurde daher beschlossen, den Namen zu ändern: „Deutscher Normenausschuß" (DNA).

Der Normenausschuß ist ein reiner Zweckverband. Damit die Normblätter einheitlich ausgestaltet und inhaltlich aufeinander abgestimmt werden, durchlaufen sie die Normenprüfstelle, die aus ehrenamtlich tätigen Normenfachleuten und den Vertretern der in Betracht kommenden Fachgebiete der Behörden zusammengesetzt ist.

Normblätter, die nach diesem Verfahren entwickelt sind und die deshalb die nach menschlichem Ermessen bestgeeignete Lösung darstellen, tragen als Kennzeichen das gesetzlich geschützte Zeichen:

DIN

Die Deutschen Normen, von denen jetzt etwa 8000 fertige Blätter vorliegen, werden als einzelne Normblätter und für einige Gebiete zugleich in Form hand-

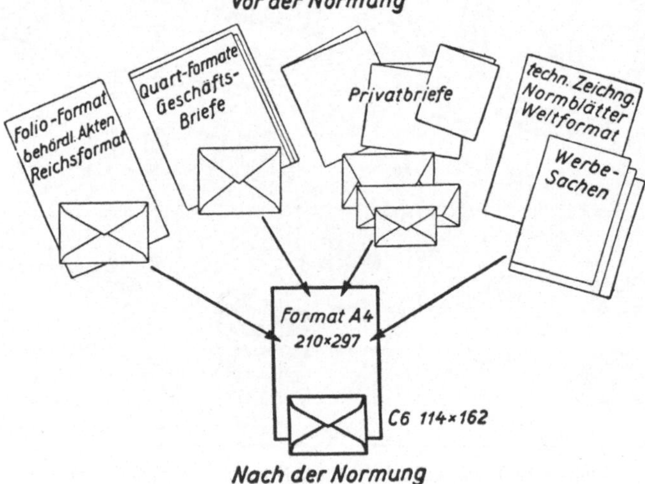

Statt vieler ähnlicher Ausführungen nur eine! (TWL 2417)

licher Taschenbücher herausgegeben. Gerade diese braucht der zukünftige Ingenieur bei seinen Übungen auf der Hochschule in reichem Maße. Unterschieden werden: Normen, die allgemeine Bedeutung haben (z. B. Grundnormen: Einheiten und Formelgrößen, Formate, Zeichnungen, Gewinde, Passungen usw.) und Normen für engere Fachgebiete.

Der Umfang der Normung sei durch folgende Stichworte kurz angedeutet: Festlegung des Inhalts von Begriffen; Bezeichnungen und Kurzzeichen; Vereinheitlichung von Sinnbildern und Merkmalen (z. B. Kennfarben); Typen (Auswahl von Größen und Abstufung von Dimensionen); Festlegung von wichtigen Formen und Anschlußmaßen; von verschiedenen Güten eines Stoffes und ihrer Eigenschaften; Genauigkeiten (Passungen, Zusammensetzungen von Stoffen); Prüfverfahren; Leistungsregeln; Lieferarten; Herstellungsverfahren; Betriebs- und Bedienungsvorschriften; Bau- und Sicherheitsvorschriften.

Vereinheitlichung vereinfacht die gesamte Arbeit und verbilligt sie dadurch. Wendet man die Normen allgemein an, so sinken die Kosten oft beträchtlich.

Lage des Werkes. Es ist nicht gleichgültig für den „Marktpreis", das heißt den Preis an der Verbrauchsstelle der Erzeugnisse, wo die Fabrik liegt. Erstens sind die Kosten von Grund und Boden ja äußerst verschieden, und ihre Verzinsung und Tilgung, durch die Jahreserzeugung dividiert, stellt unmittelbar einen Preisaufschlag für jedes Stück dar. Zweitens aber verbilligt auch gute Verbindung des Werkes mit den großen Verkehrsstraßen die Frachten der eingekauften Rohstoffe wie auch des fertigen Erzeugnisses. Wir sehen deshalb alle unsre großen industriellen Werke an der Eisenbahn, einer Wasserstraße oder einer guten Fernverkehrsstraße liegen.

Lage der Werkstätten, Förderwesen. Auch innerhalb des Werkes muß die Förderung von einer Werkstatt zur andern möglichst billig, das heißt vervollkommnet und auf kurzem Wege stattfinden. Daher wird an die Fördermittel (Krane, Wagen, Elektrokarren, Fahrstühle) nicht nur die Forderung größter Belastungsmöglichkeit, sondern auch verhältnismäßig großer Geschwindigkeit gestellt. Ferner aber wird die ganze Anordnung des Werkes, die Lage der einzelnen Werkstätten und in ihnen der einzelnen Maschinen und Arbeitsstände zueinander durch dies eine verbilligende Prinzip festgelegt: „Geringe Kosten der Förderung durch Mechanisierung und kurze Wege". Es ist für den Praktikanten lehrreich, sich klar zu machen, wie weit diese Hauptforderung bei dem Werk, in dem er beschäftigt ist, erfüllt wird und welche Gründe für Abweichungen maßgebend gewesen sind. Vielfach wird er aus Gründen des allmählichen Wachstums der Fabrik ein höchst unwirtschaftliches Durcheinander der Baulichkeiten vorfinden. Überlegt er sich dann genau, wie die Anordnung vollkommener wäre, und bespricht er diese Erwägungen mit dem Betriebsingenieur, so wird dies für ihn wahrscheinlich noch vorteilhafter sein als der Anblick einer musterhaften Anlage.

Abfälle. Einen ebenso lehrreichen Beleg für wirtschaftlichen Fabrikbetrieb bildet die Verwertung der Abfallstoffe: die Schlacke der Gießöfen verwandelt sich bisweilen in Bausteine, aus der Asche der Feuerungen wird das Brennbare wiederverwendet, die Drehspäne aus den mechanischen Werkstätten werden nach Werkstoffen sortiert und zum Einschmelzen verkauft usw.

Sicherheit, Unfallverhütung. So dienlich nun auch das stete Streben nach höchster Ersparnis im Betriebe ist, so schädlich wäre es, die Billigkeit auf Kosten der Güte zu übertreiben. Die Grenze der Ersparnis liegt aber nicht allein in der Güte und in der — Kundschaft werbenden und erhaltenden — Hochwertigkeit der Erzeugnisse, sondern in der Sicherheit für Leben und Gesundheit sowohl bei der Herstellung als auch späterhin beim Gebrauch des Erzeugnisses.

Die Rücksicht auf die Sicherheit ist ein zweiter Hauptgesichtspunkt beim Maschinenbau. Die Maßnahmen zur Sicherheit der Arbeiter sind dem Praktikanten überall sichtbar; in jeder vorschriftsmäßig betriebenen Werkstätte sind alle Zahnräder, alle in Reichweite befindlichen Riemen, alle Vorsprünge an kreisenden Maschinenteilen sorgsam gemäß den Unfallverhütungsvorschriften der Berufsgenossenschaften eingekapselt. Die Vorrichtungen zum Absaugen des Hobel- und Schleifstaubes an Holzbearbeitungs-, Schleif-, Poliermaschinen und Sandstrahlgebläsen, die eine umfangreiche Rohrleitung, eigene Ventilatoren und sorgfältig durchdachte Mündungsstücke nötig machen, sind ebenso lehrreich wie die Einrichtungen an Pressen, die das Abquetschen von Fingern unmöglich machen. Die Sicherheit der Betriebe wird von der staatlichen Gewerbeaufsicht überwacht.

Die meisten Unfälle entstehen durch Unvorsichtigkeit und Leichtsinn. Dagegen läßt sich nicht mit Schutzvorrichtungen etwas erreichen, sondern nur durch ständige Aufklärung und Warnung der Belegschaft. Daher sieht der Praktikant in gut geleiteten Betrieben zahlreiche „Unfallverhütungsbilder", die auf Gefahren infolge leichtsinnigen Handelns hinweisen.

Wir müssen noch einen Augenblick bei denjenigen Sicherheitsrücksichten verweilen, denen das Fertigerzeugnis gesetzlich zu genügen hat. Wie schon bemerkt, ist zu unterscheiden zwischen den absolut notwendigen Eigenschaften der Werkstücke, wie genügende Festigkeit und Dauerhaftigkeit aller Teile, und denjenigen Einrichtungen oder Gestaltungen der Maschinen, die durch weitergehende besondere Sicherheitsrücksichten erforderlich werden. Die Grenzen des Begriffs „genügender" Sicherheit schwanken aber, und zwar nicht nur mit dem Beurteiler gemäß seinen Interessen, sondern auch mit der fortschreitenden Zeit, Zivilisation, Kultur und Gewohnheit der Menschen. Ein treffendes Beispiel ist hierfür das Automobil: anfänglich von keinerlei gesetzlichen Sicherheitsbestimmungen eingeengt, wurde es nur mit den notdürftigsten, uns heute fahrlässig erscheinenden Bremsen ausgestattet; dem Einfluß der Besteller der Wagen ist es zuzuschreiben, daß die Bremsen besser und besser wurden. Die Gesetzgebung fordert heute zwei voneinander unabhängige Bremsen, die ständig betriebsbereit sein und zuverlässig arbeiten müssen. In einzelnen Ländern sind noch besondere Vorschriften für die Länge der Strecke gegeben, die der Wagen höchstens noch durchlaufen darf, nachdem in voller Fahrt seine Bremse angezogen wurde (Bremsweg).

Handelt es sich bei vielen Sicherheitsvorkehrungen im wesentlichen um Zutaten zu der an sich solide konstruierten Maschine, so gibt es andere Fälle, wo die Rücksicht auf Sicherheitsbestimmungen schon bei dem Entwurf der Maschinenteile mitsprechen, so z. B. bei den Dampfkesseln. Für sie sind schon früh Gesetze erlassen worden, die noch für den Konstrukteur durch die Vorschriften der Technischen Überwachungsvereine usw. ergänzt sind. Die Blechdicken der Kessel, die Wanddicken

der Rohre, die Art ihrer Befestigung und Aufstellung, Zahl und Dicke
der Nieten, kurzum fast jede kleinste Einzelheit muß streng nach diesen Vorschriften entworfen werden.

So können wir von der Rücksicht auf die Sicherheit als einem zweiten,
alle Teile der Maschinenfabrikation durchdringenden großen Leitgedanken
sprechen.

Austauschbau. In den letzten Jahrzehnten begann nun noch ein dritter
großer Leitgedanke in den Maschinenbau einzudringen. Man bezeichnet
ihn kurz mit dem Namen „Austauschbau“.

Die einzelnen Teile einer Maschine unterliegen ungleicher Abnutzung
und ungleicher Zerstörungsgefahr. Ist nun eine Maschine beispielsweise nach
einem 1000 km entfernten Ort geliefert worden und wird es nötig, ein ein-
zelnes Teil nachzuliefern, so ist das Ideal, daß der Inhaber der Maschine
einfach an die Fabrik schreibt: „Senden Sie mir diesen und jenen Teil
zum Ersatz!“ und daß dann der Teil angefertigt, hingesandt wird und — —
ohne weiteres genau so gut paßt wie der frühere, unbrauchbar gewordene.
Da es sich nun im Maschinenbau in bezug auf „Passen“ oder „Nichtpassen“
oft um 0,01 mm und noch weniger handelt, so wäre dieses Ideal höchstens
durch reinen Zufall erfüllt. In der Tat begann früher meist ein langwieriges,
oft durch den erzwungenen Stillstand der kranken Maschine ungeheuer
kostspieliges Einpassen und Nacharbeiten, ja oft mehrfaches Hin- und
Herwandern des unglückseligen Stückes zwischen der ärgerlichen Fabrik
und dem noch ärgerlicheren Maschineninhaber.

Passungen. Es ist klar, daß das Mittel zur Beseitigung dieses Mißstandes
darin besteht, daß ein für alle Male die Arbeit in der Fabrik so peinlich genau
geschieht, daß die hierbei nicht ganz vermeidbare Ungenauigkeit jedenfalls
kleiner wird als die Maßdifferenz zwischen „Passen“ und „Nichtpassen“.
Dann wird sicher das nachgelieferte Stück gleich passen.

Nicht nur das nachträgliche Passen eines Ersatzteils ist wünschenswert,
sondern auch das Zusammenpassen sämtlicher Einzelteile bei der neu zu
montierenden Maschine. Auch zwischen Erzeugnissen verschiedener Firmen muß ein Austausch der Einzelteile möglich sein, so daß z. B. bei 800
Straßenbahnwagen einer Stadt von 10 Waggonfabriken alle Radsätze
untereinander auswechselbar sind, oder bei genormten Lokomotiven ein
Luftkompressor bestimmter Leistung auf jede Maschine paßt.

Fließende Fertigung. Die bisher beschriebenen Kennzeichen der neuzeitlichen Fertigung stellen zwar teilweise bedeutende Änderungen gegenüber
den Zuständen vor etwa 30 Jahren dar, belassen aber die Werkstätten
selbst ganz in ihrer gewohnten Stellung und Reihenfolge. Anders bei der
letzten Vollendung einer wirtschaftlichen Massenfertigung, der Fließ-

arbeit. Hierbei wird sogar die Anordnung jeder Werkzeugmaschine, die Lage jedes Arbeitsplatzes nur nach dem·Gesichtspunkt höchster Leistungsfähigkeit·bestimmt. Die Einteilung in Dreherei, Bohrerei, kurz nach Art der Maschinen, weicht der Reihenfolge, die sich aus der Bearbeitung jedes Einzelteils ergibt. Dieses System setzt aber gleichmäßig große Stückzahlen und eine gleichbleibende Konstruktion der Werkstücke voraus, die keinerlei Arbeiten zugunsten von Sonderwünschen gestattet. Für den Jungpraktikanten sind diese Werkstätten nicht geeignet, da er hier nicht in dem erforderlichen Maße das Wesen jedes einzelnen Arbeits= verfahrens kennenlernen kann. Deshalb soll nicht näher darauf eingegangen werden. Für solche, die bereits die Grundlagen der Fertigung kennen, sind im Teil VI, Wesen und Gestaltung. des Betriebes als Zelle der Gemeinschaft, weitere Angaben gemacht.

7. Wärme und Energiewirtschaft in Fabriken

Zwang zum Sparen. Während von jeher der Maschinenfabrikant die Kosten seiner Erzeugnisse durch sparsamste Verwendung von Arbeit und Werkstoff im Wettbewerb zu vermindern trachtete, war er sich lange Zeit der Vergeudung an Wärme und mechanischer Leistung (kürzer, aber unrichtiger: „Kraft") im normalen Betrieb einer Maschinenfabrik kaum bewußt geworden. Daß 'ein größeres Verständnis für die Ersparnismöglichkeiten auf brennstoff- und energiewirtschaftlichem Gebiet aus der Not der Nachkriegszeit geboren wurde, war von großer Bedeutung, denn hier handelte es sich um Möglichkeiten beträchtlicher Ersparnisse an den Erzeugungskosten.

Wärmewirkungsgrad. Im folgenden ist an Fabriken mit eigener Dampfkraftanlage gedacht, das sind ·also solche, die ihren Bedarf an Leistung nicht aus einem Netz der Stromversorgung decken. Für diese handelt es sich darum, aus den in der Kohle steckenden Wärmeeinheiten zunächst möglichst viel verwendbare Wärme, d. h. Arbeit, zu erzeugen. Das Verhältnis der verwendbaren Energie zu der im Brennstoff steckenden Wärmeenergie (Heizwert) nennt man den Wärmewirkungsgrad.

Verluste. Auf ihrem langen Wege von der Kohle bis zum tatsächlichen Verbrauch — z. B. in Gestalt der Leistung, die aufgewendet wird, um einen Drehspan vom Werkstück abzuschälen — macht die Wärmeenergie mehrere Umwandlungen durch. Jede dieser Umwandlungen hat einen Wirkungsgrad. Dieser ist mehr oder weniger um einen Betrag kleiner als im Idealfall (= 1), also entstehen bei der Umwandlung oder Fortleitung der Energie Verluste. Wirtschaftlich maßgebend ist da's Produkt aller Einzelwirkungsgrade, der wärmewirtschaftliche Gesamtwirkungsgrad. Wenn man sich einmal klarmacht, wie außerordentlich gering dieser in der Regel ist, so wird man erkennen, wieviel hier gespart werden kann.

Kesselwirkungsgrad. Der übliche Dampfkessel nutzt, wenn gut gefeuert und gewartet, etwa 75% der in der Kohle enthaltenen Wärme aus; das heißt also: der Dampf, der vom Dampfkessel in die Dampfmaschine strömt, enthält 0,75mal soviel Wärme wie die Kohle, durch deren Verbrennung er erzeugt wurde. Die anderen 25% gehen zum größten Teil in den Schornstein.

Dampfleitungswirkungsgrad. Die Rohre, in denen der Kesseldampf der Dampfmaschine oder der Turbine zuströmt, führen durch vergleichsweise kühle Räume. Trotz der Umkleidung der Leitung mit Wärmeschutzstoffen (Asbest, Kieselgur, Glaswolle usw.) verliert der Dampf in ihr doch, je nach ihrer Länge, einen größeren oder geringeren Teil seiner Wärme, was sich in Temperaturverminderung, in einem Spannungsverlust oder gar in der Bildung von Kondenswasser äußert. Veranschlagen wir diesen Verlust einmal auf 5%, so hat der Dampf am Ende der Leitung nur noch 95% des Wärmeinhalts, den er am Anfang der Leitung hatte; der Wärmewirkungsgrad der Dampfleitung ist also 0,95:1 oder 95%.

Maschinenwirkungsgrad. Bisher hat es sich nur um Verwandlung von Kohlen- in Dampfwärme und um Wärmeverluste gehandelt. Die Energieform (Wärme) ist die gleiche geblieben. In der Dampfmaschine wird die Wärme in mechanische Leistung umgewandelt. Hierbei entstehen die größten Verluste. Selbst gute und große Dampfmaschinen oder Dampfturbinen retten nicht mehr als höchstens 23 bis 35% der in sie hineingesteckten Dampfwärme in die Form abgegebener mechanischer Energie hinüber; die Dampfmaschinen mittlerer Größe haben einen Wärmewirkungsgrad von durchschnittlich 15%.

Also blieben übrig von jeder Wärmeeinheit in der Kohle:

hinter dem Kessel:　　　　　　　　0,75 WE (Wärmeeinheiten),

am Ende der Dampfleitung von diesen 0,75 WE noch 0,95, also:

$$0,75 \times 0,95 \text{ WE,}$$

am Schwungrad der Dampfmaschine von diesen 0,75 × 0,95 WE noch 0,15, also:

$$0,75 \times 0,95 \times 0,15 = \text{rund } 10\%.$$

Die Wirkungsgrade der Teilprozesse — dies ist sehr wichtig — müssen also miteinander **multipliziert** werden, um den Wirkungsgrad ihrer Summe zu erhalten.

Abwärmeverwertung. Da der Hauptverlust bei der Umwandlung in mechanische Arbeit entsteht, so ist es besonders wichtig, die Dampfwärme auch als Wärme möglichst gut auszunutzen; in der Maschinenfabrik ist das hauptsächlich in der Form möglich, daß der Dampf, der in der Maschine Arbeit geleistet hat, der **Abdampf**, die Werkstätten, Modellspeicher, Verwaltungsräume heizt und zum Vortrocknen von Kernen usw. in der Gießerei benutzt wird.

Verbrennungskraftmaschinen. Aus diesem Grunde eignen sich auf den ersten Blick Verbrennungskraftmaschinen (Diesel-, Öl- oder Benzinmotoren) besser zur Krafterzeugung in Maschinenfabriken, da sie ja bekanntlich 30 bis 40% der im Betriebsstoff enthaltenen Wärme in Form von mechanischer Leistung wieder abliefern und in gewissen Grenzen auch ihre Abwärme (Kühlwasser) zur Heizung von Räumen benutzbar ist. Dieser **technisch** richtige Schluß ist jedoch nicht immer wirtschaftlich richtig. Die Frage der geringsten Betriebskosten kann teils zugunsten von Kohle, teils zugunsten von Öl ausfallen, je nachdem, wie sehr die Preise durch Frachten verteuert werden.

Diese kleine Betrachtung ist hier eingeschoben worden, um dem angehenden Ingenieur zu zeigen, daß es bei aller großen, ja überragenden Wichtigkeit der **wärmetechnischen** Gesichtspunkte falsch ist, über sie die **wärmewirtschaftlichen** Gesichtspunkte, d. h. also die Gesamtbetriebskostenfrage, und die allgemeinen Gesichtspunkte, wie Marktlage für Kohle und Öl, Verminderung des Betriebspersonals usw. usw., außer acht zu lassen!

Umsetzung in Elektrizität. Beim Verlassen der Antriebsmaschine wird die Energie in die Form von Elektrizität überführt, um eine bequeme Kraftübertragung zu erhalten. Die Fälle, wo besondere kleine Dampfmaschinen unmittelbar die Transmissionsstränge von mechanischen Werkstätten oder die Gebläse der Gießereiöfen antreiben, sind wegen der unwirtschaftlichen Brennstoffausnutzung vieler kleiner Antriebsmaschinen gegenüber einer großen Zentrale und wegen der Verluste in den erforderlichen langen Dampfleitungen verschwunden.

Die Umwandlung der mechanischen in elektrische Energie und umgekehrt geht ohne große Verluste vor sich. Infolgedessen macht es dem Wirkungsgrad nach wenig aus, ob der Einzel- oder Gruppenantrieb der Werkzeug- oder Arbeits- (z. B. Gebläse-) Maschinen durch Transmissionen oder durch elektrische Kraftübertragung erfolgt. In beiden Fällen dürften zwischen den Antriebswellen der getriebenen und der treibenden Maschine (z. B. Drehbank und Dampfmaschine) etwa 10% der Leistung im Durchschnitt verloren gehen: Übertragungswirkungsgrad 90%.

Wirkungsgrad der angetriebenen Maschine. Endlich ist nun die Energie an der Stelle angelangt, wo sie die Nutzarbeit leistet. Aber auch diese Leistung vollbringt sie nicht ohne starke Verluste. Ist die angetriebene

Maschine eine Arbeitsmaschine, z. B. ein Gebläse für den Gießofen, so ist der Wirkungsgrad noch verhältnismäßig gut: etwa 50 bis 60% der in eine solche Gebläsemaschine hineingesteckten Leistung erscheint in Form von „Wind" im Gießofen wieder. In diesem Falle wäre also der wärmewirtschaftliche Gesamtwirkungsgrad der Winderzeugung etwa:

$$0{,}75 \times 0{,}95 \times 0{,}15 \times 0{,}90 \times 0{,}55 = \textbf{rd. 0,05,}$$

Kessel-wirkungs-grad	Leitungs-wirkungs-grad	Maschinen-wirkungs-grad	Übertragungs-wirkungs-grad	Gebläse-wirkungs-grad

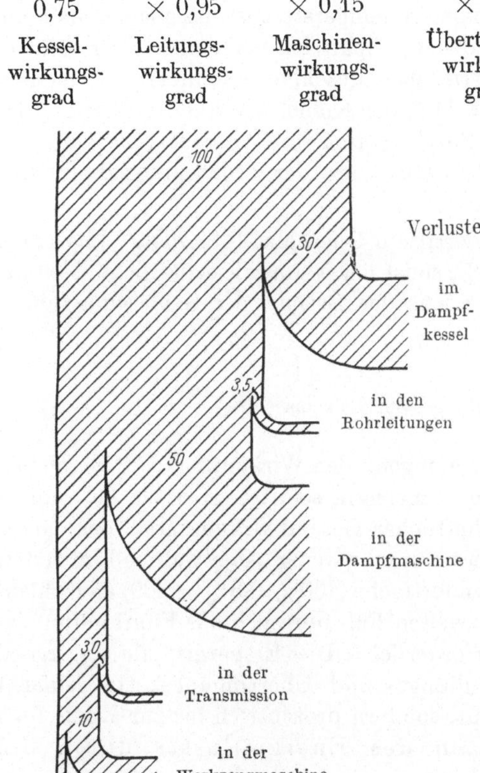

Energieverluste vom Kesselrost bis zur Spanabnahme an Werkzeugmaschinen

d. h. etwa 5% der in der Kohle enthaltenen Wärmeenergie ist im Gebläse schließlich nutzbar gemacht oder, anders ausgedrückt: um den Wind im Ofen zu erzeugen, muß man das Zwanzigfache (100% : 5% = 20) an Wärmeenergie in den Kessel der Betriebszentrale stecken.

Noch viel trostloser ist das Bild bei älteren Werkzeugmaschinen. Diese verbrauchen fast die ganze in sie hineingesteckte Leistung zum Hin- und Herbewegen ihrer schweren, auf langen Führungen gleitenden Teile oder zur Überwindung der Reibung im Räderkasten. Die zum Abschälen des Werkstoffes verbrauchte Arbeit, also die tatsächliche Nutzleistung, stellt nur einen winzigen Bruchteil davon dar. Es ist nicht nur ziemlich schwer, diese Nutzleistung zu messen, sondern — das ist schlimmer — es ist früher kaum jemand eingefallen, sie zu messen und, dem dabei entstehenden Schrecken entsprechend, zu versuchen, den Wirkungsgrad der Werkzeugmaschine zu verbessern.

Welche Wirkungsgradverbesserung nützt am meisten? Man darf nun nicht etwa den groben Denkfehler begehen, daß man sagt: „Ach, auf dem Wege bis zur Werkzeugmaschine ist schon so viel Energie verloren gegangen, daß dem gegenüber die in der Werkzeugmaschine noch draufgehende Leistung keine so große Rolle spielt." Das ist falsch. Denn das bißchen Energie, was schließlich aus dem ganzen Umwandlungs- und Übertragungsprozeß in die angetriebene Maschine hineingerettet ist, ist eben deshalb um so viel kostbarer. Anders ausgedrückt: Spare ich von den 9% der Kohlenenergie, die schließlich an der getriebenen Maschine ankommen, ein Neuntel, so spare ich auch ein Neuntel = 11% der Kohle. Rechnerisch kommt das in dem oben hervorgehobenen Satz' dadurch zum Ausdruck, daß der Gesamtwirkungsgrad durch **Multiplikation** der Teilwirkungsgrade entsteht.

Hat also beispielsweise eine veraltete Querhobel-(„Shaping"-)maschine einen Eigenwirkungsgrad von 6%, so ist der wärmewirtschaftliche Gesamtwirkungsgrad des Querhobelns (siehe das Beispiel der Gebläsemaschine):

$$0{,}75 \times 0{,}95 \times 0{,}15 \times 0{,}90 \times 0{,}06 = \text{rd. } 0{,}006$$

$$\downarrow$$

Wirkungsgrad der Querhobelmaschine

oder etwa $\frac{1}{2}\%$.

Gelingt es jedoch (und es ist gelungen), den Wirkungsgrad einer solchen Querhobelmaschine auf 20% zu verbessern, so tritt an Stelle des halben Hundertstels ein energiewirtschaftlicher Gesamtwirkungsgrad des Querhobelns von 1,8%. Das ist immer noch sehr wenig. Aber während im ersten Fall zum Querhobeln das Zweihundertfache (100%:0,5% = 200) an Kohlenenergie verbraucht wird, ist im zweiten Fall nur noch das Fünfundfünfzigfache (100%:1,8% = 55,5) erforderlich. Die Ersparnis, die an irgend einer Stelle der Energieumwandlungs- und Übertragungskette gemacht wird, setzt sich also nicht absolut, sondern prozentisch bis zur Kohle fort. **Ersparnis an allen Punkten des Energieflusses durch die Fabrik ist also gleich wichtig.**

Ersparnismöglichkeiten. Aus diesem Gesichtspunkt heraus betrachte nun der Praktikant, womöglich unter Leitung eines Ingenieurs, den ganzen Energiefluß, der vor seinen Augen durch die Fabrik strömt, und werde sich klar über die Punkte, wo Ersparnisse möglich sind, und über die Gründe (meistens geldlicher oder betriebstechnischer Natur), die noch weitergehende Ersparnisse bisher verbieten.

Hier seien einige besonders wichtige Ersparnispunkte nur kurz aufgezählt:

Kesselhaus: Gute Lagerung der Kohle (so daß sie möglichst wenig entgast und möglichst gegen Selbstentzündung gesichert ist).

Selbsttätige, d. h. billige Zuführung zum Rost.

Richtige Rostbeschickung (so daß die richtige Dicke und Gleichmäßigkeit der Brennstoffschicht gewährleistet ist).

Dichtes, möglichst wenig wärmestrahlendes (daher oft weiß glasiertes) Mauerwerk der Feuerungsräume.

Richtiger Schornsteinzug (damit die Verbrennung weder mit zu viel — kalter! — noch mit zu wenig Luft — unvollkommen — erfolgt).

Evtl. Unterstützung des Schornsteinzuges durch ein Unterwindgebläse.

Vorgewärmte Verbrennungsluft.

Vorgewärmtes Kesselspeisewasser (meist durch einen in den Lauf der Feuerungsabgase eingebauten sogenannten „Economiser").

Gute Instandhaltung des Kessels (verhindern, daß sich Kesselstein bildet, der die Wärme schlecht überträgt, daß sich Ruß und Flugasche ansammeln.

Sparsamer Wärmeverbrauch der Hilfsmaschinen (Unterwindantrieb, Kesselspeisepumpe usw.).

Dampfleitung: Dichtigkeit der Rohre.

Gute Isolierung der Rohre und Flanschen.

Auffangen aller Kondenswässer und ihre Rückleitung ohne Abkühlung in den Kessel.

Dampfmaschine: Höchstmögliche Trocknung und Überhitzung des Dampfes.

Abdampf zum Heizen, Kochen usw. verwerten.

Kraftübertragung: Möglichst gute Ausnutzung der Leistungsfähigkeit (die elektrischen und Reibungsverluste bleiben an sich etwa die gleichen bei Vollast wie bei Halblast; sie stellen daher bei Halblast im Verhältnis zur übertragenen Leistung einen größeren Verlustbruchteil dar!).

Verbesserung der kraftverzehrenden Riemen- oder Seiltriebe bei Transmissionen, z. B. durch besseres Anliegen mittels Spannrollen, durch Keilriemen oder durch elektrischen Einzelantrieb.

Energiemessung. Über alle diese Punkte unterrichtet sich der gut geleitete Betrieb durch laufende Messungen. Es kommen hauptsächlich in Betracht:

Im Kesselhaus: Wiegen der zugeführten Kohle, Messen des zugeführten Wassers, Messen der Zugstärke mit barometerartiger Wassersäule, Kontrolle der Vollkommenheit der Verbrennung durch chemische Analyse der Verbrennungsgase mit den sogenannten Orsat-, Ados- oder ähnlichen Apparaten oder durch besondere elektrische Geräte, Messen des Dampfdruckes und der Dampftemperatur mit Manometer bzw. Thermometer, Kontrolle des Wasserstandes (nicht zu hoch, damit der Dampf nicht zu feucht wird, nicht zu tief aus Sicherheitsgründen). Bei Unterwindfeuerungen: Messen der Menge der Gebläseluft oder des Gebläsedampfes.

An der Dampfleitung: Messen der Temperatur und des Druckes bei Ein- und Austritt, gelegentlich Wiegen des Kondenswassers, Messen der Dampfmenge, die in die Maschine strömt.

An der Dampfmaschine oder Turbine: Druck- und Temperaturmessungen, Bestimmen der Leistung aus Diagrammen.

Wird ein Stromerzeuger angetrieben, mißt man ebenfalls ständig die elektrischen Größen (Strom, Spannung, Leistung).

Energiebuchführung. Diese Messungen und die dazu erforderlichen Meßgeräte kosten viel Geld. Aber sie sind notwendig. Der tagaus, tagein durch die Fabrik strömende Kraftfluß kostet noch viel mehr Geld. Über seinen Bargeldhaushalt führt der Fabrikant unter großen Kosten mit peinlicher Genauigkeit laufende Bücher, aus denen er seine Geldgewinne und -verluste und deren Quellen genau aufzeigt. Über die von ihm gekauften, verarbeiteten und verkauften Waren führt er nicht minder genau Buch. Lagerhalter und sorgsam in Ordnung gehaltene Magazine läßt er sich viel Geld kosten. Er weiß, daß ihn der so erzielte genaue Überblick vor viel größeren Verlusten bewahrt. Sollte er nicht die gleiche Politik in bezug auf die kostspielige Wärme und mechanische Energie verfolgen?

Registrierinstrumente. Vielfach sind daher in zeitgemäß eingerichteten Fabriken an Stelle der bloßen Meßgeräte selbstaufzeichnende Apparate gesetzt worden, die mit einem Zeigerwerk auf Papierstreifen die Meßgrößen fortlaufend auftragen, um so der Bedienungsmannschaft — abgesehen von der Kontrolle — die Pflicht, Aufzeichnungen machen zu müssen, abzunehmen und ihnen Kopf und Hände für ihre eigentliche Arbeit freizuhalten. Mißt man die wichtigsten Zustandsgrößen der Energiewirtschaft und der Fertigung laufend, dann erhält man nicht nur einen guten Überblick über die Ausnutzung der Energieträger und über die Wirtschaftlichkeit der Anlagen, sondern die Meßgeräte zeigen dem Ingenieur auch, wo Unvollkommenheiten bestehen, Mängel oder Störungen zu beseitigen sind.

Wärmebilanz. Es ist Aufgabe der Wärmekontrollstelle des Werkes, sei dies ein Meister, ein Ingenieur oder gar, bei sehr großen Werken, ein Wärmebüro, die Wärmeverbrauchsmessungen zu sogenannten Wärme- oder Energiebilanzen zusammenzustellen. So gewinnt der Betrieb fortlaufende Übersicht über Energieerzeugung und -verbrauch und über Energieverluste. Er vermag ihren Ursachen nachzugehen und sie zu beseitigen. Wenn sich der Praktikant gelegentlich mit einem der mit diesen Obliegenheiten betrauten Männer unterhalten kann, so wird ihn das nicht dümmer machen.

Es ist selbstverständlich, daß der Praktikant in den hier besprochenen Dingen keinerlei eigenes Urteil haben kann. Es ist ebenso selbstverständlich, daß er es sich auch nicht etwa während der praktischen Arbeit aneignen kann oder soll. Er soll nur von vornherein auf diese Punkte achten lernen, damit er auf der Hochschule, wenn er sich wissenschaftlich mit dem Stoff beschäftigt, seine Gedanken an verständnisvoll Gesehenes anknüpfen kann und von vornherein das Gefühl für die Wichtigkeit erhält, die diese auf den ersten Blick nur mittelbar mit Fertigung zusammenhängenden Fragen für das entscheidende. Gesamtergebnis des technischen Schaffens besitzen: die Herstellungskosten.

Nicht eindringlich genug kann davor gewarnt werden, daß der Praktikant sich durch solche Betrachtungen, die ihn als Jünger der Technik natürlich sehr interessieren, von dem eigentlichen Zweck seines Hierseins, dem Kennenlernen des Fabrikationsganges, ablenken läßt. Aber ebenso verkehrt wäre es, schenkte er diesen Punkten gar keine Aufmerksamkeit.

Stromversorgung von außerhalb. Vielfach werden, besonders in den neueren Werken, keine Dampfkraftanlagen mehr in ständigem Betrieb gehalten. Die gesamte notwendige Energie wird in diesem Falle der Fabrik in elektrischer Form zugeführt. Die Gründe sind folgende: Wir hatten weiter oben gesehen, daß jede Energieumwandlung mit mehr oder weniger großen Verlusten verbunden ist und daß durch die Weiterleitung an die Verbrauchsstellen neue Verluste durch Rohrleitungen und Transmissionen auftreten. Nun gelingt es bei ganz großen Anlagen zur Energieerzeugung, d. h. bei großen Kessel- und Maschineneinheiten, die Verluste in engeren Grenzen zu halten. Eine Zentrale von beispielsweise 100 000 PS kann die gleiche Energie mit weniger Verlusten abgeben als 20 Zentralen zu 5 000 PS oder, anders ausgedrückt, die große Zentrale arbeitet mit geringeren Erzeugungskosten. Einmal haben die Riesenkessel einen besseren Wirkungsgrad als die Summe der vielen Kleinkessel, die bei solchen Vergleichen noch dazu meist älter sind. Auch die Kosten der Kohlen, des Lagerns, der Bedienung sind niedriger. Man nutzt daher die Vorteile der großen Mengen aus und läßt die Kohle in Kraftanlagen verfeuern, die nach ihrer Leistungsfähigkeit imstande sind, mehrere Fabriken zu versorgen. Als Übertragungsmittel vom Kraftwerk zum Werk dient der elektrische Strom. Die Dampfmaschinen oder -turbinen treiben Generatoren, deren Strom durch Kabel oder Freileitungen den Fabriken zugeleitet wird. Der Wirkungsgrad der Generatoren liegt dicht an 100%, so daß oft noch eine Kraftübertragung wirtschaftlich sein kann, wenn die Entfernung zwischen Kraftwerk und Fabrik beträchtlich ist. Würde man zur Fortleitung einen Strom von derselben Spannung nehmen, mit der im Werk die Elektromotoren die Werkzeugmaschinen antreiben sollen, so fielen bei den beachtlichen Energiemengen, die eine einzige Fabrik oft verbraucht, die Zuleitungen gar zu dick aus. Wir finden daher bei Übertragung von elektrischer Energie in großer Menge oder auf weite Entfernungen Ströme von sehr hoher Spannung. Die Umwandlung des Stromes auf solchen von höherer oder niedrigerer Spannung geschieht in Transformatoren, die ebenfalls wieder einen sehr guten Wirkungsgrad aufweisen. In der Fabrik wird nun der Strom wiederum umgeformt und auf die Spannung gebracht, für die die Motoren im Werk eingerichtet sind.

Hat ein Werk, das seinen Energiebedarf früher aus eigener Zentrale deckte, sich auf den Fremdbezug von Strom umgestellt, so bleibt häufig die alte Anlage in Bereitschaft, um gegebenenfalls bei Störungen in der Stromversorgung als Reserve zu dienen. Mitunter ist es auch möglich, einen Teil der Kesselanlage zu Heizzwecken auszunutzen und etwa überschüssigen Dampf an kleinere Fabriken abzugeben. Selbst die Versorgung mehrerer Großverbraucher mit Dampf von einer Stelle aus ist an vielen Orten mit gutem Erfolg durchgeführt.

Energiewirtschaftliche Gewissenhaftigkeit. Dieser Abschnitt soll nicht geschlossen werden, ohne nochmals darauf hinzuweisen, wie wichtig es heute und in Zukunft ist, sich und andere zu größter Gewissenhaftigkeit im Haushalten mit der verfügbaren Energie zu erziehen. Wer eine Gasflamme oder eine elektrische Lampe unachtsam brennen läßt, wer mehr Wasser entnimmt als gebraucht wird, wer eine Werkzeugmaschine leer laufen läßt, wer fahrlässig Ausschuß gießt — jeder einzelne vergeudet, bestiehlt das Werk, bestiehlt die Allgemeinheit, verschleudert Kraft von der Kraft, die unsere Bergarbeiter tief unter Tage zum Fördern der schwarzen Diamanten in aufreibender, gefahrvoller Arbeit aufwenden, schwächt nicht zuletzt Deutschlands Stellung in der Welt.

8. Die Werkstoffe und ihr Zusammenhang mit der Konstruktion

Der Ingenieur muß mit den Eigenschaften und Eigenheiten der technischen Baustoffe genau so vertraut sein, wie ein Künstler mit seinem Instrument oder ein Arzt mit dem menschlichen Körper. Der Maschinenbauer fußt heute fast ausschließlich auf wissenschaftlich gewonnener und zahlenmäßig beherrschter Erkenntnis. Dieses Wissen vermitteln in weitem Umfang die Technischen Hoch- und Mittelschulen.

Aber mit der rein mathematischen Beherrschung dieses Stoffes ist es nicht getan. Jeder Ingenieur muß über technisches Gefühl schlechtweg verfügen. Dieses beruht vor allem auf dem Verständnis für das Verhalten der Baustoffe in der Maschine und während ihrer Herstellung. Die praktische Ausbildung ist besonders geeignet, die ersten festen Grundlagen hierfür durch verständnisvolle Beobachtung des Werkstoffs in der Werkstatt zu schaffen.

Der Ingenieur richtet sein Augenmerk vor allem auf die Festigkeits- und auf die Verarbeitungseigenschaften. Natürlich sind die wissenschaftlichen Grundlagen für diese die Physik und Chemie, aber die Kenntnisse des Ingenieurs sind eigens für seine Zwecke ausgebaute Sondergebiete von ihnen. Wissenschaftliche Forschung und praktische Werkstatterfahrung sind dabei in engster Wechselwirkung, sozusagen in ständigem Wettlauf begriffen. Auf einen großen Teil der wichtigeren technologischen Beobachtungen, die ohne wissenschaftliche Instrumente und Verfahren in der Werkstatt zu machen sind, wird bei Besprechung der einzelnen Werkstätten hingewiesen.

Festigkeit. Die Metalle, die im allgemeinen dem Laien als Inbegriff der Festigkeit gelten, zeigen in Wirklichkeit unter Einwirkung von Kräften ein ähnliches elastisches Verhalten, wie etwa Gummi. In den Köpfen der Maschinenbauer erscheinen sie von diesen in nichts verschieden als in der Größe der Formänderungen. Diese sind durchaus meßbar, wenn auch nur selten mit bloßem Auge wahrzunehmen. Darum ist es wichtig für den Maschineningenieur, daß er von vornherein lernt, die sichtbaren Unterschiede im Verhalten der Metalle als Hilfe für die Beurteilung ihrer Festigkeitseigenschaften zu benutzen.

Formänderung. Die Grundeigenschaft aller Körper ist die, daß sie der auf sie einwirkenden Kraft nachgeben. Wenn ich an einen oben befestigten Stahlstab unten Gewichte hänge, so wird er dem Zuge der Gewichte zu folgen trachten und sich verlängern, da sein oberes Ende nicht von der Stelle kann. Gleichzeitig wird er die auf ihn wirkende Kraft weiter übertragen: die Befestigung, an der sein oberes Ende hängt, wird durch sie gleichfalls eine (geringere) Formänderung erfahren. Der Amboß wird durch den Druck des Hammers zusammengedrückt, wenn auch für das Auge unmerklich. Er gibt die Druckkraft weiter an seine Unterlage, die sich gleichfalls etwas deformiert; gerade so, als wenn ich zwei Radiergummi aufeinander lege und auf den obersten drücke: dieser wird seine Form ein wenig ändern und gleichzeitig auf den unteren drücken, was sich dadurch zeigt, daß sich auch dieser (in geringerem Maße) deformiert. Bei den technischen Werkstoffen geschieht genau dasselbe, nur in weit geringerem Maße. Die Eigenschaften, die diesen Verschiedenheiten Rechnung tragen, nennen wir die Dehnbarkeit und Zusammendrückbarkeit der Körper.

Elastizitätsgrenze. Die Dehnung bleibt bei demselben Körper für dieselbe Kraft praktisch immer dieselbe, wie oft auch der Körper inzwischen be- und entlastet wurde. Jedesmal, wenn die Last von ihm weicht, nimmt ein Körper seine ursprüngliche Länge und Form wieder an, vorausgesetzt, daß die Belastungskraft unter einer gewissen, für jeden Stoff verschiedenen Höchstgrenze bleibt. Diese sozusagen federnde Eigenschaft eines Körpers nennt man seine **Elastizität**, die Grenze der Kraft, bis zu der sie beobachtet wird, die **Elastizitätsgrenze** (angegeben in kg je Quadratzentimeter Querschnitt, kurz in kg/cm²).

Zerreißversuche. Die physikalische Ursache dieser Erscheinungen liegt in der Kohäsionskraft der Moleküle des Körpers. Jeder Körper stellt sozusagen eine Summe von Einzelkörperchen dar, die untereinander „durch Gummibänder" (die Kohäsionskräfte) verbunden sind. Wirkt eine Kraft auf ihn ziehend oder drückend, so geben die Gummibänder so lange nach, bis die Gesamtheit ihrer Zug- oder Druckspannungen mit der angreifenden äußeren Kraft „im Gleichgewicht", d. h. ihr gleich ist. Ist die äußere Kraft größer als die Gesamtheit der Kohäsionskräfte, so tritt zunächst eine dauernde Lagenveränderung der Teilchen zueinander ein. Wächst sie immer weiter, so führt sie zur gänzlichen Lösung des Zusammenhangs: der Körper wird zerstört, zerreißt oder „geht zu Bruch". Die Technik stellt mit allen Baustoffen als Probe ihrer Festigkeit Druck- und hauptsächlich Zugversuche an, sogenannte Zerreißversuche. Hierbei werden Stäbe von bestimmter Form aus dem zu untersuchenden Stoff hergestellt und mit einer oft hydraulisch betriebenen Zerreißmaschine zerrissen. Dabei gibt die Maschine, vielfach automatisch, die Anzahl Kilogramm Belastung an, bei der der „Bruch" eintritt. Diese Zahl, auf den Querschnitt des Probestabes bezogen, heißt die „Festigkeit" des Stoffes („auf Zug" oder „auf Druck") und bildet eine wichtige Grundlage für den Konstrukteur.

Zähigkeit, Sprödigkeit. Natürlich kann man an derselben Prüfmaschine auch die bei jeder Belastung eintretende Längenänderung: die zugehörige Dehnung des Stabes, ablesen. Hierbei ergibt sich, daß nicht nur, wie schon erwähnt, die einzelnen Stoffe sich je Kilogramm Zugkraft verschieden stark dehnen — auch die gesamte Längenänderung, deren sie fähig sind, bis sie zerreißen oder zerbrechen, ist verschieden. Es sind also nicht diejenigen Körper die schwächsten, die sich am meisten dehnen. Jeder weiß, daß zwischen einer Damaszenerklinge und einem Rohrstock ein gewaltiger Festigkeitsunterschied besteht, trotzdem sie etwa gleich biegsam sind. In dieser Beobachtung beruht unser Urteil über die „Zähigkeit" oder „Sprödigkeit" der Materialien. Ein spröder Werkstoff ist nicht imstande, die zerstörende Einwirkung einer plötzlich auftretenden Kraft durch nachgiebige Formänderung aufzufangen; er bricht leicht bei Stößen und Rucken. Das zähe Material gibt nach und nimmt nach Verschwinden der Kraftwirkung federnd seine ursprüngliche Länge oder Gestalt wieder an. Es ist klar, daß diese Eigenschaft für den Maschinenbauer sehr erwünscht ist. Die normal verlaufenden Kraftwirkungen kann er ja rechnerisch beherrschen. Bei den meist zufällig auftretenden Stößen und Rucken muß er sich aber auf die Zähigkeit seines Baustoffs verlassen, da ihre rechnerische und konstruktive Berücksichtigung schwierig ist.

Härte. Alle bisher besprochenen Festigkeitseigenschaften beziehen sich auf das Verhalten des Körpers als eines Ganzen gegenüber der Einwirkung äußerer Kräfte. Nicht minder wichtig ist der Widerstand, den die Oberfläche eines Gegenstandes dem Eindringen eines anderen in sie, dem Ritzen, Schneiden oder Einbeulen, entgegenstellt. Wir sprechen da von der „Härte" eines Körpers. Für den Grad der Härte einer Oberfläche gibt es nicht so leicht festlegbare Maße. Ein Urteilsmaßstab ist der Durchmesser der kreisrunden Einbeulung, die entsteht, wenn eine sehr harte Kugel von bestimmtem Gewicht und bestimmtem Durchmesser aus bestimmter Höhe auf die Oberfläche fällt oder mit bestimmtem Druck auf sie gepreßt wird (Kugeldruckprobe). Bekannt ist ferner die „Härteskala": Ein Körper ist härter als ein anderer, wenn er ihn ritzen oder schneiden kann. Dies ist vor allem für die Bearbeitung der Maschinenteile in der Werkstatt wichtig. Ich kann Eisen nur mit hartem Stahl, gehärteten Stahl nur mit Schleifsteinen abdrehen, abschleifen usw. Für den Gebrauchszweck der fertigen Maschinenteile ist dagegen wichtiger ein anderes Maß der Härte. Wir wissen, daß im Maschinenbau das Gleiten zweier benachbarter Teile aufeinander eine wichtige Rolle spielt. Je härter beide sind, desto länger wird es dauern, bis sich merkliche Abnutzung, „Verschleiß", durch solches Gleiten zeigt. Zwei harte Körper werde ich unter größerer Belastung aufeinander gleiten lassen dürfen als zwei weiche, ohne befürchten zu müssen, daß die Oberflächen nachgeben, daß sie „fressen". Wie und mit welchen Geräten die Härte gemessen wird, muß hier unbesprochen bleiben und ist auch vorläufig ohne Interesse.

Bearbeitbarkeit. Schon die Betrachtung der Härteskala zeigte uns eine technologische Eigenschaft der Metalle: die Möglichkeit, in normalem Zustande Teilchen von ihnen durch Schneiden abzutrennen. Für die Beurteilung dieser Verhältnisse bietet sich ein überreiches Beobachtungsfeld in den mechanischen Werkstätten der Fabrik.

Man nennt diese Eigenschaft der Metalle ihre Bearbeitbarkeit.

Je geschmeidiger (dehnbarer) ein Metall ist, um so schwieriger läßt es sich im allgemeinen hobeln, drehen, fräsen; es „schmiert", wie man zu sagen pflegt. Wie aber die Geschmeidigkeit mit wachsender Härte abnimmt, so steigt umgekehrt die Bearbeitbarkeit der Metalle und Legierungen mit der Härte bis zu einem bestimmten Höchstwert. Wird dieser überschritten, so sinkt die Bearbeitbarkeit wieder.

Sowohl große Geschmeidigkeit als auch große Härte erschweren demnach die Bearbeitbarkeit.

Schmiedbarkeit. Eine weitere technologische Eigenschaft der Metalle ergibt sich, wenn wir eine Größe mit in unsere Betrachtung ziehen, die wir bisher stillschweigend außer acht gelassen haben: die Temperatur Bei zunehmender Temperatur nimmt im allgemeinen die Festigkeit der Metalle ab. Mit ihr sinkt auch die Elastizitätsgrenze. Es wird daher beim warmen Metall mit Leichtigkeit möglich, durch Pressen, Hämmern, Ziehen oder Walzen dauernde Formänderungen hervorzubringen. Diese Eigen schaft der Schmiedbarkeit besitzen die Metalle, vor allem Stahl, natür lich auch im kalten Zustand. Nur erfordert in diesem die Erzielung einer dauernden Formänderung einen sehr großen Kraftaufwand, der kostspielig ist. Man kommt billiger fort, wenn man Stahl im heißen, glühenden Zustande schmiedet, walzt usw. Wir vermindern die aufzuwendende mechanische Formänderungsarbeit, wenn wir Arbeit in Form von Wärme mit zu Hilfe nehmen. Außerdem wirkt eine sehr starke Bearbeitung im kalten Zustand mitunter nachteilig auf die Güte des Erzeugnisses.

Gießbarkeit. Erwärmt man so weit, daß der Schmelzpunkt des Metalls überschritten wird, so wird es schließlich völlig flüssig. Man kann dann den Metallen durch Gießen in Formen jede gewünschte, beliebig verwickelte Form verleihen. Die Eignung der Metalle und insbesondere der verschiedenen Eisensorten zum Guß ist sehr verschieden. Maßgebend sind der Grad der Zäh- oder Dünnflüssigkeit, die Temperatur, die nötig ist, um sie zu erreichen, das Zusammenschrumpfen des erkaltenden Körpers, das Schwinden, und seine Festigkeitseigenschaften in kaltem Zustand. Aus allen diesen Rücksichten setzt sich das Urteil über die technologische Eigenschaft der Gießbarkeit zusammen.

Metallographie, Werkstoffprüfung. Die eben kurz angedeuteten und alle weiteren Eigenschaften der Werkstoffe sind in mühevoller wissenschaftlicher Arbeit untersucht. Dabei ist die Metallographie, die den Aufbau und das Verhalten der Metalle erforscht, zur wichtigen Hilfswissenschaft der Technik geworden. Jedoch ist es mit der allgemeinen Kenntnis der häufigsten Baustoffe oder mit dem Auffinden noch besserer Legierungen, als sie heute verwendet werden, noch nicht getan. Die Maschinenfabrik braucht eine ständig laufende Aufsicht über die gerade in den Werkstätten verarbeiteten Werkstoffgüten. Sowohl bei Erzeugung von Gußeisen in der eigenen Gießerei wie auch besonders beim auswärtigen Bezug von Stahl in irgendwelcher Form ist der Betriebsleiter nie ganz sicher, ob die Abstiche des Gießofens oder die Lieferungen so ausfallen, wie es entsprechend dem Verwendungszweck bestellt war. Deshalb werden oft an den Gußteilen Probestäbe mit angegossen, die man hernach abschlägt und für sich untersuchen kann. Große Werke unterhalten für die laufende Überwachung ihrer Rohstoffe eigene Laboratorien, die die Werkstoffe prüfen. Es leuchtet ein, daß diese Kontrolle um so wichtiger ist, je höhere Beanspruchungen man den Maschinenteilen zumuten muß. Daher nimmt die Werkstoffprüfung zum Beispiel in der Luftfahrt und im Kraftfahrbau, wo nur hochwertige Werkstoffsorten verwendet werden, eine besonders wichtige Stellung ein.

Es ist ja wohl selbstverständlich, daß jeder Ingenieur nicht nur als Konstrukteur mit der Gesamtheit aller Eigenschaften der Werkstoffe vertraut sein muß, wenn seine Erzeugnisse ihren Verwendungszweck nicht nur erfüllen, sondern auch billig und einfach herstellbar sein sollen. Schon in der praktischen Ausbildung sind die Grundzüge der Technologie, die sich mit der Erzeugung, der Verwendung und der Bearbeitung der Werkstoffe befaßt, erforderlich. Darum nehme der Praktikant in seinen Mußestunden gelegentlich ein Buch zur Hand, um wenigstens das Wichtigste über diese Dinge kennenzulernen.[1] In dem engen Rahmen dieses Buches ist es nur möglich, kurze Andeutungen zu geben.

Eisen und Stahl

Das Eisen nimmt unter den maschinentechnischen Baustoffen die weitaus wichtigste Stelle ein. Fast alle Maschinen bestehen zum größten Teil aus diesem Baustoff.

Kohlenstoffgehalt. Der Stoff, den der Techniker Eisen nennt, ist aber niemals chemisch reines Eisen, sondern stets eine Legierung von Eisen mit mannigfachen Bestandteilen, unter denen der wichtigste der Kohlenstoff ist. Alle unsere technischen Eisen- (und Stahl-)sorten sind hiernach in der Hauptsache Eisenkohlenstofflegierungen. Dabei kann der Gehalt an Kohlenstoff sehr verschieden sein, und von seiner Größe hängen Güte, Schmelzpunkt, Schmiedbarkeit, Bearbeitbarkeit in kaltem Zustand usw. ab. Beim Erstarren durchläuft jede Eisenkohlenstofflegierung bestimmte Punkte, an denen Änderungen im Aufbau und dem äußeren Verhalten eintreten. Diese Punkte, für recht viele Legierungen mit stets anderem Kohlenstoffgehalt aufgezeichnet, liefern das berühmte Erstarrungsschaubild oder „Eisenkohlenstoffdiagramm", das für den Eisen-

---

[1] Z. B. „Werkstattbücher", Sammlung von etwa 90 Heften zu allen Fragen der Fertigung. Springer-Verlag, Berlin. Preis der meisten Hefte RM. 2.—. Betriebstechnisches Taschenbuch. Herausgegeben von H. Kotthaus. Verlag Carl Hauser, München 1943. Preis RM. 6.50. Klingelnberg, Technisches Hilfsbuch. Herausgegeben von E. Preger und R. Reindl. Springer-Verlag, Berlin 1940. Preis RM. 10.50.

hüttenmann grundlegend und für den Maschinenbauer notwendig ist zum Verständnis der Eisen- und Stahlsorten. Weiterhin kommen noch, teils als Verunreinigungen, teils absichtlich zugesetzt, eine ganze Anzahl anderer Stoffe (Mangan, Silizium, Phosphor, Schwefel u. a.) vor. Eine besondere Gruppe bilden wieder die mit bestimmten Stoffen (Chrom, Nickel, Molybdän, Vanadin, Wolfram, Kobalt, u. a.) legierten Eisenkohlenstofflegierungen, die in der Hauptsache als Edel- oder Sonderstähle für Werkzeuge oder für besonders hoch beanspruchte Konstruktionsteile verwendet werden.

Erzeugung. Zur Herstellung von Eisen und Stahl werden Eisenerze in hohen Schachtöfen, den Hochöfen, mit großen Mengen Koks geschmolzen, wobei für die chemischen Reaktionen Beigaben, wie Kalkstein, zugefügt werden. Art und Menge der Beigaben, die „Zuschläge", werden sorgfältig je nach der vorliegenden Erzsorte bestimmt, denn von ihnen hängt es ab, wie der Schmelzvorgang verläuft und was für ein Roheisen man beim „Abstechen" des Hochofens in flüssigem Zustand gewinnt. Außer dem Roheisen liefert der Hochofen zwei Nebenerzeugnisse: Gichtgas, das in Kraftzentralen nutzbar gemacht werden kann, und Schlacke, die weiterverarbeitet und verkauft wird.

Das Erzeugnis des Hochofens, das Roheisen, kann nun auf zwei Arten in die Maschinenindustrie gelangen: entweder wird es nochmals im Kupolofen umgeschmolzen und von den unerwünschten Beimengungen befreit, dann bekommt man Gußeisen oder der Gehalt an Kohlenstoff wird nachträglich verringert und ein schmiedbares Erzeugnis, nämlich der Stahl, gewonnen. Auch hierzu ist ein Umschmelzen erforderlich, das man vermeiden kann, wenn das Roheisen noch in flüssigem Zustand in das Stahlwerk kommt. Daher finden wir häufig Hochöfen und Stahlwerk dicht beieinander. Art und Menge der Beigaben sind bei dem Vorgang der Stahlerzeugung besonders wichtig, denn sie müssen chemisch so beschaffen sein, daß sie dem Roheisen einen Teil seines Kohlenstoffgehaltes entziehen. Der Stahl wird entweder in einem knetbaren, teigigen Zustand gewonnen (Schweißstahl) oder in flüssigem Zustand (Flußstahl); die letzte Art überwiegt bei weitem. Die Zusammensetzung des Roheisens, besonders seine schädlichen Beigaben, wie hoher Schwefel- oder Phosphorgehalt, bestimmen das Verfahren, das man an-

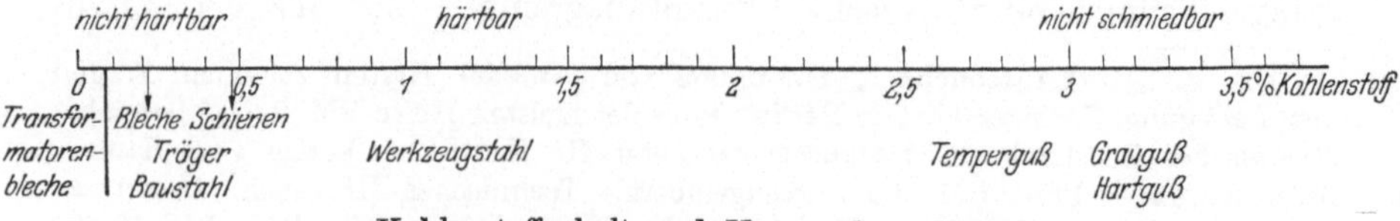

Kohlenstoffgehalt und Verwendungsbereich

wendet: bei uns meist Thomasverfahren, daneben noch Bessemerverfahren. Will man noch den Vorteil haben, Alteisen, Schrott mit einschmelzen zu können, so findet die Schmelze in Siemens-Martinöfen statt (Siemens-Martinstahl). Um die Güte weiter zu verbessern, werden verhältnismäßig kleine Mengen, nochmals sorgfältig umgeschmolzen, neuerdings in elektrischen Öfen (Elektrostahl). So entstehen vornehmlich die teuren Sonder- und Edelstähle.

Früher waren die Bezeichnungen Eisen und Stahl nicht einheitlich. Heute versteht man unter Stahl alles ohne Nachbehandlung schmiedbare Eisen. Der Ausdruck Schmiedeeisen verschwindet damit. Man sagt jetzt auch Stahlblech, Formstahl, Stabstahl, Stahlbeton.

Gußeisen. Weitaus am häufigsten kommt im allgemeinen Maschinenbau der gewöhnliche Grauguß vor, auch direkt Maschinenguß genannt. Er hat etwa 3,5% Kohlenstoffgehalt. Seine Vorteile sind, daß er verhältnismäßig leicht herzustellen ist, im allgemeinen keiner Nachbehandlung bedarf und daß sein Preis nicht sehr hoch liegt. Er läßt sich gut bearbeiten, wobei die Späne in kurzen einzelnen Brocken anfallen.

Temperguß. Eine Möglichkeit der Veredelung von Gußeisen liegt in dem Temperverfahren. Der Temperrohguß wird dabei einem mehrtägigen Glühprozeß unterworfen. Die Teile sind von Stoffen umgeben, die ihnen allmählich einen Teil des Kohlenstoffgehaltes entziehen, so daß die getemperten Stücke eine von außen nach innen wechselnde Struktur aufweisen, wie an einer Bruchfläche deutlich sichtbar wird. Das Ergebnis des Glühprozesses in der kohlenstoffarmen Umgebung ist, daß die Gußstücke ihre Sprödigkeit verloren haben, außen zäh, hämmerbar und etwas schmiedbar geworden sind. Der Temperguß ist daher ein Ersatz für Stahlformguß oder geschmiedete Teile, wo diese Verfahren zu teuer wären. Er kommt hauptsächlich für kleine Abmessungen in Frage, für Schlüssel, Beschläge u. dgl.

Hartguß. Die Gußeisensorten werden jeweils entsprechend dem vorliegenden Verwendungszweck ausgesucht. Durch Wahl von bestimmten Mengen der Stoffe Silizium, Mangan, Phosphor und Schwefel lassen sich die gewünschten Gußeisensorten erzielen: hitzebeständiges Gußeisen, säure- oder laugenfestes Gußeisen (für chemische Behälter oder Rohre) oder sehr dünnflüssiges Gußeisen für Kunstguß. Ist eine besonders harte Oberfläche erforderlich, so läßt man sie schneller abkühlen, als es normalerweise in der Form vor sich geht. Man nimmt dem Gußeisen dort die Möglichkeit, dieselben Umwandlungen seiner Struktur durchzumachen. Es wird daher außen hart, während innen ein genügend zäher Kern bleibt. Statt der üblichen Sandform nimmt man einen Stoff, der die Wärme schneller ableitet, man gießt meist in eiserne Kokillen. So entsteht der Hartguß, wegen der Gestalt der Teile auch Schalenguß genannt.

Elektroguß. Will man eine recht große Gleichmäßigkeit des Gußeisens und wenig Schlacken erzielen, so schmilzt man im elektrischen Ofen, Elektroguß, doch ist diese Art bei uns wenig verbreitet.

Gattieren. Die Kunst des Gießereiingenieurs besteht nun darin, entsprechend dem gewünschten Erzeugnis jeweils die genau bestimmten Mengen Roheisen so zu mischen, daß der Kupolofen eine innerlich gleichartige, homogene Sorte Gußeisen abgeben kann. Dieses richtige Mischen der passenden Roheisenqualitäten heißt Gattieren. Es ist eine Kunst im wahren Sinne des Wortes; reiche Erfahrung im Gießen ist dazu erforderlich.

Stähle. Eine große Mannigfaltigkeit haben wir in den Stahlsorten. Da sie für den Maschinenbau sämtlich von Wichtigkeit sind und ihre Verwendung ständig zunimmt, müssen wir uns mit ihnen hier wenigstens in großen Zügen befassen.

Unlegierte Stähle. Sorten, die neben dem Eisen nur Kohlenstoff enthalten, bezeichnet man als unlegierte Stähle. Im Gegensatz dazu enthalten die legierten Stähle in verschieden starkem Maße Metalle, wie Chrom, Molybdän, Nickel, Wolfram, Vanadin, Titan oder wesentliche Mengen von Silizium oder Mangan. Die unlegierten Stähle lassen sich wieder in normale und in solche zum Einsetzen und Vergüten einteilen. Aus den erstgenannten entstehen alle Maschinenteile mit mittleren Beanspruchungen sowie die Walzerzeugnisse, Stangen, Träger, Bleche und Draht. Die Einsatz- und Vergütungsstähle gestatten eine Nachbehandlung in der Wärme, wodurch den Werkstücken wertvolle Eigenschaften verliehen werden, die bei normalen Baustählen fehlen. Einige Arten der Nachbehandlung mögen kurz beschrieben werden.

Härten. Wird ein Stahl geeigneter Zusammensetzung auf helle Rotglut gebracht und anschließend in eine kalte Flüssigkeit getaucht, so nimmt seine Oberfläche die Härte von Glas an. Durch die kalte Umgebung wird die Möglichkeit genommen, das normale Gefüge entstehen zu lassen; es bildet sich ein Bestandteil, der dem Stahl eine außerordentliche Härte verleiht. Als Flüssigkeit, in der die Teile zum „Abschrecken" hin und her bewegt werden, dient Wasser, und bei den besten Stahlsorten, ferner bei großen Abmessungen Öl oder ein Kaltluftstrahl.

Anlassen. Die so erzeugte Härte ist meist mit einer unzulässigen Sprödigkeit verbunden, weshalb man durch ein geringes Erhitzen wieder die Härte mildert. Das nachträgliche Warmmachen nennt man Anlassen. Der Praktikant kann leicht folgenden Versuch machen:

Ein Stück Stahl, etwa 8 bis 10 mm im Durchmesser, wird zu einem Schraubenzieher ausgeschmiedet. Die Spitze sauber fertig feilen, auf etwa 30 mm glühend machen und rasch in Wasser abschrecken. Einige Minuten im Wasser bewegen, dann an der Schneide mit Schmirgelleinen (die Feile greift nicht mehr an!) blank machen. Die Spitze langsam warm machen und beobachten. An den blanken Stellen treten verschiedene Anlaßfarben auf; wenn die Spitze blau aussieht, wieder in Wasser abkühlen. Oft sind bei gehärteten Teilen die Anlaßfarben nicht zu sehen; dies liegt daran, daß Härten und Anlassen, besonders bei Massenartikeln, wie Bohrern, in Bädern, z. B. Salzbädern, von gleichbleibender Temperatur erfolgen, wo wegen des Luftabschlusses Farben durch oberflächliche Oxydation nicht entstehen können.

Einsatzhärtung. Eine besondere Form ist die Einsatzhärtung. Werkstücke aus kohlenstoffarmen, also nicht härtbaren Stählen werden mit kohlenstoffabgebenden Mitteln, wie Holzkohle und Bariumkarbonat, in Töpfe gepackt und geglüht. Die Außenschichten der Stücke nehmen Kohlenstoff auf, so daß man sie härten kann. Stellen, die weich bleiben sollen, bestreicht man mit Lehm. Das Einsatzhärten eignet sich besonders für stoßartig beanspruchte Werkstücke, z B. Zahnräder, deren Zähne verschleißfest sein sollen bei einem zähen, weichen Kern.

Eine nur örtlich begrenzte Härtesteigerung erzielt man durch Erhitzen mit einer Art Schweißbrenner (Brennerhärten) oder mit hochfrequenten Strömen und durch Abschrecken mit einem Wasserstrahl. Öfen braucht man dabei nicht, aber der Brenner muß sehr genau geführt und eine bestimmte Einwirkungsdauer eingehalten werden.

Vergüten. Unter Vergüten versteht man eine Wärmebehandlung, die keine Härte der Oberfläche, sondern eine allgemeine Zähigkeit bezweckt. Man läßt dazu die Werkstücke nach dem Abschrecken etwa bei dunkler Rotglut an. Für Teile mit Dauerbeanspruchung sehr vorteilhaft.

Legierte Stähle. Die legierten Stähle besitzen, allgemein gesagt, alle Eigenschaften der unlegierten, ferner je nach ihrer Zusammensetzung weitere, die diesen fehlen, Widerstandsfähigkeit gegen Rost und Säuren oder besonders große Härte. Für die Legierung kommen in Betracht: Chrom, Molybdän, Nickel, Wolfram, Vanadin, Titan, ferner Silizium und Mangan. Bemerkenswert ist, daß der Stahl im allgemeinen an Wert zunimmt, wenn nicht eins der genannten Metalle, sondern deren zwei enthalten sind. Die Auswahl im einzelnen würde hier zu weit führen; meist handelt es sich um Sonderfälle höchster Beanspruchung, z. B. bei Dampfkesseln, Automobilbauteilen oder Kugellagern. Für die Werkzeuge sind jene Legierungen wichtig, die noch bei Warmwerden ihre volle Schneidfähigkeit behalten.

Schneidwerkstoffe. Als Schnellstahl oder Schnellarbeitsstahl bezeichnet man Stähle mit Wolfram, Chrom und Molybdän, die für spanabhebende Werkzeuge Vorteile bieten, da sie selbst bei einigen Hundert Grad noch scharf bleiben. Man hat für noch höhere Ansprüche sogar Legierungen entwickelt, die nur wenig oder kein Eisen mehr enthalten: die Kobalt-Chrom-Wolfram-Legierungen (Stellit, Akrit, Caedit, Celsit, Percit), die Hartmetalle, die aus Wolframkarbiden oder ähnlichen Stoffen teils gegossen, teils gesintert werden (Widia, Böhlerit, Titanit). Wegen des hohen Preises findet man keine Drehwerkzeuge oder dgl., die aus solchen Schneidlegierungen hergestellt sind, vielmehr werden nur kleine Plättchen dieser hochwertigen Legierungen auf Werkzeuge geringerer Qualität aufgeschweißt. Sogar Diamanten, die härtesten Stoffe überhaupt, verwendet man zu Dreh- und Bohrwerkzeugen.

Kupfer

Vorteile des Kupfers sind seine hohe elektrische Leitfähigkeit, seine Beständigkeit gegen äußere Einflüsse (kein Rost!) und seine große Zähigkeit, die ein Biegen oder Pressen in schwierige Formen gestattet. Dagegen ist es mit schneidenden Werkzeugen schwer zu bearbeiten, da es stark schmiert.

In Deutschland kommen nur wenig Kupfererze vor; fast der gesamte Bedarf muß eingeführt werden. Meist wird verlangt, daß das Kupfer sehr rein ist (über 99,9%). Es wird daher elektrolytisch raffiniert (Raffinade-Kupfer).

Im Maschinenbau kommt nur wenig reines Kupfer vor. Die Elektrotechnik dagegen braucht den weitaus größten Teil, da die meisten Leitungen in den elektrischen Maschinen daraus bestehen. In starkem Maße ist Kupfer bei einigen Legierungen (Messing, Bronze, Rotguß) vertreten.

Zinn und Zink

Zinn wird als Konstruktionswerkstoff so gut wie gar nicht, Zink sehr viel häufiger benutzt. Eine bedeutende Rolle spielen sie aber als metallische Überzüge zum Oberflächenschutz. Teile, die vor zersetzenden Einflüssen (der freien Luft, chemischer Dämpfe) geschützt sein sollen, taucht man in ein Bad flüssigen Zinks (Feuerverzinkung). Wichtig sind in neuerer Zeit die hochwertigen Zinklegierungen geworden, da sie oftmals an die Stelle von Kupferlegierungen getreten sind.

Bronze; Rotguß, Messing

Unter Bronze versteht man Legierungen mit den Bestandteilen Kupfer und Zinn (Zinnbronze); ist Zinn durch ein anderes Metall ersetzt, spricht man ebenfalls von Bronze, z. B. Aluminiumbronze, Bleibronze). Trotz ihres hohen Preises ist Bronze oft dann von Vorteil, wenn es auf Härte, Festigkeit, Widerstandsfähigkeit gegen Zersetzung und gute Bearbeitbarkeit ankommt. Die Gießbarkeit wird durch einen Zusatz von Zink zur Bronze erhöht; diese Legierungen werden vielfach Rotguß genannt.

Billiger als Bronze sind die Legierungen, die hauptsächlich aus Kupfer und Zink bestehen: Messing, Gelbguß. In kaltem Zustand läßt sich Messing besser verarbeiten (ziehen und pressen) als Bronze. Es wird nur für Maschinenteile angewendet, die hohe Festigkeit mit Beständigkeit verbinden sollen. Bei reichlichem Kupfergehalt nennt man die Legierung meist Tombak.

Leichtmetalle

Unter dem Begriff Leichtmetall werden Aluminium, Magnesium und deren Legierungen zusammengefaßt. Wegen ihres geringen spezifischen Gewichtes (etwa $\frac{1}{3}$ bis $\frac{1}{4}$ von Stahl) entstand ihre technische Verwertung aus den Bedürfnissen des Luftschiff- und Flugzeugbaues. Die Leichtmetalle sind aber bereits in zahlreiche Zweige des Maschinenbaus eingedrungen besonders in den Fällen, wo durch das verringerte Gewicht wirtschaftliche Vorteile (z. B. bei Transportkosten) entstehen und die Mehrkosten der Aluminium- oder Magnesiumlegierungen aufgewogen werden.

Meist werden Legierungen mit mehr oder weniger Kupfer, Zink, Mangan, Silizium und Eisen angewendet. Bemerkenswert ist die Tatsache, daß viele Leichtmetallegierungen eine Veredelung erfahren, wenn man sie nach dem Abschrecken längere Zeit frei liegen läßt (Altern).

Lagermetalle

Als Lagermetalle waren früher fast nur Zinnlegierungen (Weißmetall), Bronze und Rotguß im Gebrauch. Jetzt sind sie in zunehmendem Maße von zinn- und kupferfreien Legierungen abgelöst. Bleilegierungen, Bleikupferlegierungen, Leichtmetalle, sogar Zinklegierungen und Gußeisen sind oftmals gut als Lagermetalle verwendbar.

Die Fülle der Legierungen überhaupt ist so groß, daß hier nur die wichtigsten Gruppen genannt werden konnten. Die bewährten Zusammensetzungen sind vereinheitlicht, so daß Verbraucher und Hersteller heute nach den festgelegten Lieferbedingungen bestellen können, ohne befürchten zu müssen, daß sie überall eine verschiedene Legierung unter anscheinend gleichem Namen bekommen.

Holz

An den eigentlichen Maschinen kommt Holz als Baustoff nur wenig vor. In den Nebenzweigen des allgemeinen Maschinenbaues und in manchen Sonderfällen nimmt es eine bedeutende Stellung ein. In der Modelltischlerei entstehen die ständig gebrauchten Modelle für die Gießereien. Der Modelltischler muß die Eigenschaften der verschiedenen Hölzer genau kennen, um danach die Auswahl für ein Modell richtig zu treffen.

Jeder Holzstamm besitzt in der Regel zwei Sorten Holz: Kern- und Splintholz. Kernholz oder das aus der Mitte eines Stammes entnommene Holz besitzt größere Festigkeit, Härte und dunklere Farbe als das weichere und hellere Splintholz, das an den Außenseiten eines Stammes liegt. Bei den Modellen ist durch richtige Lage der Hölzer zueinander dafür zu sorgen, daß das Holz der Modelle durch Feuchtigkeit nicht quillt oder sich verzieht, denn dann fielen ja die Gußstücke nicht gleichmäßig aus.

Sehr bedeutsam ist Sperrholz, das sind dünne Schichten Holz, die in verschiedener Faserrichtung sorgfältig miteinander zu Tafeln und Platten verleimt sind. Sperrholz ist bei geringem Gewicht sehr fest. Gepreßtes, getränktes und aus sehr dünnen Furnieren mit Kunstharzen verleimtes Holz ist ein hochwertiger Werkstoff geworden, der in vielen Fällen knappe Metalle vertritt.

Große Mengen Holz werden vom Waggonbau, den Schiffswerften und manchen Spezialwerken verbraucht, zu schweigen von der umfangreichen reinen Holzindustrie und dem Baugewerbe.

Die äußeren Erkennungszeichen der verschiedenen Holzsorten lernt der Praktikant am besten bei der praktischen Arbeit in der Modelltischlerei, unter Leitung eines erfahrenen Modelltischlers, kennen.

Die Einwirkung der Faserrichtung auf das Werfen, die Kunstgriffe, das Werfen durch Verleimung von Hölzern mit verschiedenen Faserrichtungen zu verhindern usw., bilden ebenfalls ein Erfahrungswissen, das sich der Praktikant am besten in der Werkstatt selbst aneignet.

Leder

Leder wird im Maschinenbau vor allem als Treibriemen und gelegentlich in Scheibenform (als Dichtung zwischen Rohren und unter Deckeln) sowie in Form von gepreßten Stulpen (als Stopfbuchsdichtung, z. B. für Hochdruckpumpen) verwendet.

Wert und Übertragungskraft eines Riemens hängen außer von Herkunft, Rasse, Geschlecht, Alter und Beschaffenheit des Rindes besonders von der Gerbung und Zurichtung der Haut ab.   Der Praktikant lasse sich hierüber einmal vom Sattler einen kleinen Anschauungsunterricht geben, der sich auch auf die Leimung und die sonstigen Endverbindungen, auf die Kunstgriffe zum Auflegen und Abnehmen und auf die Reinigung und Pflege der Riemen erstrecken sollte. Wie werden die Riemen verbunden: geleimt, genäht oder mit Drahtklammern?

Kunststoffe

Eine überraschende Entwicklung haben die heute überall in der Technik anzutreffenden Kunststoffe durchgemacht. Unter diesem Sammelnamen vereinigt man zahllose, meist auf chemischem Wege synthetisch hergestellte Stoffe, die durchweg sehr leicht, meist auch elektrisch isolierend sind, zum Teil recht fest, aber fast alle wenig wärmebeständig. Wegen ihres von den Metallen erheblich abweichenden Aufbaues werden sie auch anders verarbeitet. Es ist hier nicht der Ort, sie näher zu beschreiben; einen Anhalt für ihre Mannigfaltigkeit mag der Hinweis geben, daß zu ihnen die Kunstharze, Preßmassen, Zellulosemassen wie Zelluloid und Cellon, ferner viele Spritzmassen, ja sogar künstlicher Kautschuk (Buna) gehören. Der Praktikant tut gut, sich durch diese für ihn zunächst schwer übersehbare Fülle nicht verwirren zu lassen. Er mag aber darauf achten, wo ihm diese Stoffe, die noch eine große Zukunft haben, bereits heute überall begegnen.

Elektrische Isolierstoffe

Für den Bau elektrischer Maschinen ist die Frage der Isolierstoffe eine Lebensfrage. Ein guter Isolierstoff muß folgende Eigenschaften besitzen:

Festigkeit gegen elektrische Durchschläge,

hohe Isolation an der Oberfläche (keine Oberflächenleitung; Einfluß von Schmutzablagerung!),

Festigkeit gegen mechanische und chemische Beanspruchung,

Dichtigkeit und gleichmäßige Struktur,

Hitzebeständigkeit und

lange Lebensdauer ohne Alterungserscheinungen.

Neben den bekannten Stoffen Glas, Porzellan und Hartgummi sind Kunst- und Preßstoffe, Hartpapier und ähnlich aufgebaute Erzeugnisse viel verbreitet. Sie enthalten Kunstharze.

Immer mehr macht sich das Bestreben geltend, in elektrischen Geräten, besonders solchen für Laienbedienung, Metall nur für die stromführenden Teile zu verwenden und die Tragkonstruktion aus Isolierstoffen herzustellen. Hierdurch werden Unfälle durch Berührung blanker stromführender Teile vermieden.

Von größter Wichtigkeit für Transformatoren, Anlasser und Schalter ist Öl als Isoliermittel.

Die für den Maschinenbau und die Elektrotechnik in Frage kommenden Werkstoffe sind mit der kurzen Übersicht keineswegs alle genannt. Es sollten ja auch nur Anregungen gegeben werden, nach denen der Praktikant nun selbständig in der Werkstatt lernen soll und einschlägige Bücher zur eingehenden Unterrichtung benutzen kann.[1]) Man denke nur an die Wärmeisoliermittel, die Schleifmittel, Beton für Maschinenfundamente, Chemikalien (z. B. Trichloräthylen) zum Reinigen und Entfetten und die vielen gebräuchlichen Schmiermittel! Sie alle spielen in den heutigen Werken eine große Rolle, ohne daß sie in diesem Buch eine entsprechende Berücksichtigung finden könnten.

Halbfabrikate. Nicht nur mit den reinen Rohstoffen, auch mit den Halbfabrikaten hat der Maschinenbauer zu rechnen. Man versteht unter Halbfabrikaten Rohstoffe, die schon in festliegende Abmessungen gebracht sind, an sich jedoch noch nicht fertige Maschinenteile darstellen. Man rechnet hierzu vor allem: Profilierte Schienen und Träger, Drähte, Bleche und Rohre. Diese bezieht die Maschinenfabrik fertig von den meist mit den Hütten unmittelbar verbundenen Walz- oder Ziehwerken.

Es liegt also hier weitgehende Arbeitsteilung vor zwischen Maschinenfabrik einerseits und Hütte und Walzwerk anderseits. Die Herstellung derartiger Halbfabrikate kann nur mit Hilfe gewaltigen Aufwandes an Maschinenkraft vor sich gehen, es handle sich denn um ganz dünne Drähte und Bleche, für deren Erzeugung wiederum besonders feine Maschinen erforderlich sind. Nur wenige Großfirmen verbrauchen laufend soviel Halbfabrikate, daß sie die Leistungsfähigkeit eines Walzwerkes ganz in Anspruch nehmen.

---

[1]) Z. B. Werkstoff-Ratgeber von Herwarth v. Renesse, 3. Aufl. Verlag W. Girardet. Essen 1943. Preis RM. 8.40
„Hütte" Taschenbuch der Stoffkunde. Verlag Wilh. Ernst u. Sohn. Berlin 1937. Preis RM. 24.—

Liefert ein Walzwerk für eine große Zahl von Abnehmern, so ist eine typische Erscheinung der Massenfabrikation unausbleiblich: die Festlegung bestimmter Abmessungen, die **Normung**. Hier ist sie insbesondere noch durch die außerordentliche Kostspieligkeit der erzeugenden Maschinen bedingt, die für jede Änderung des Erzeugnisses besondere Vorrichtungen, bestimmte Walzen, Lehren usw. brauchen.

Normalprofile. Benannt wird Profilstahl stets nach der Form des Querschnittes (Profils), wobei dessen Vergleich mit den römischen Buchstaben üblich ist.

Die Hauptprofile sind:

Walzen. Der hauptsächlich angewandte Erzeugungsweg ist das Walzen. Es gehört zu denjenigen technischen Vorgängen, die durch ihren hohen künstlerischen Reiz und die eindrucksvolle Entfaltung riesiger Kräfte auch Kreisen bekannt sind, die dem Maschinenbau sonst fernstehen. Die technologischen Kenntnisse über das Walzen zu bringen, ist nicht Aufgabe dieses Buches; hier sei nur bemerkt, daß durch Walzen mit dem nachhaltigen Durchkneten der Stoffe eine wesentliche Verbesserung ihrer Festigkeitseigenschaften eintritt.

Längsziehen. Nicht weniger veredelnd wirkt auf den Werkstoff das Ziehen. Vorgewalzte Stäbe werden durch konisch verengte Löcher in gehärteten Stahlscheiben (Zieheisen) mit Zangen maschinell hindurchgezogen. Je nach der Gestalt des endgültig erreichten Querschnitts sind die Erzeugnisse stab-, draht- oder rohrförmig.

Außer durch Walzen und Ziehen kann man Profile auch durch Pressen, z. B. bei Leichtmetallen, oder durch Spritzen, z. B. bei einigen Kunststoffen. erzeugen.

Fertigfabrikate. An Rohstoffe und Halbfabrikate reihen sich als fertig für die Maschinenfabrikation zur Verfügung stehende Bauteile eine große Reihe von Fertigfabrikaten. Sie bilden teilweise selbständige kleine Maschinen (z. B. Schmierpumpen).

Massenerzeugnisse werden oft von Maschinenfabriken fertig „von auswärts" bezogen. Bei diesen bietet der Kauf Vorteile, die groß genug sind, den Maschinenfabrikanten zu veranlassen, Teile der Erzeugung, d. h. Möglichkeiten des Geldverdienens, aus der Hand zu geben. Nur wenige ganz große Werke sind z. B. imstande, sich ihre Schrauben billiger selbst herzustellen, als eine Schraubenfabrik sie ihnen liefert. Eine Fabrik, die nur Schrauben herstellt, ist gerade so unerreichbar in Schnelligkeit, Güte und Gleichmäßigkeit und trotzdem Billigkeit der Arbeit wie ein Arbeiter, der jahraus, jahrein dasselbe Stück bearbeitet. Beide haben die vorteilhaftesten Arbeitswege erprobt, beide sind mit den entsprechenden Maschinen versehen und nutzen sie aufs höchste aus. Es ist also ein wohlüberlegtes Rechenexempel und nicht etwa „Bequemlichkeit", wenn die Maschinenfabrik diejenigen Teile fertig von auswärts bezieht, die sie selbst keinesfalls billiger oder zweckentsprechender oder dauerhafter herzustellen vermag.

Maschinenelemente. In erster Linie müssen hier die Schrauben genannt werden. Alle Maschinenelemente zur Herstellung lösbarer Verbindungen, die in großen Mengen gebraucht werden, bezieht man meist fertig von außerhalb: Kopf- und Stiftschrauben, Muttern, Sicherungen gegen das Lösen von Muttern, Splinte, Scheiben, Keile, Paßfedern und dergleichen. Im Abschnitt „Verbinden und Trennen" sind sie eingehender behandelt. Damit diese ständig wiederkehrenden Teile beliebig vertauscht werden können, ist es ja selbstverständlich, daß ihre Abmessungen durch Normung festgelegt sind.

Rohre, Rohrzubehör. Als Fertigfabrikate in gewissem Sinne sind auch die Rohre anzusprechen, wenigstens ihre Zubehörteile. Von den dünnsten Leitungen zum Fördern des Schmieröls an alle Stellen der laufenden Maschinen bis zu den dicksten Rohren eines Großkraftwerkes findet der Praktikant sie überall in der Technik. Um sie dicht miteinander zu verbinden, werden sie mit Gewinde versehen oder für den Anschluß von Flanschen umgebördet oder miteinander verschweißt. Neben den hochbeanspruchten Rohren in Dampfleitungen von hohem Druck kommen vielfach Leitungen für untergeordnete Zwecke oder mit geringen Kräften vor. Entsprechend bestehen sie aus bestem Stahl oder aus Gußeisen. Rohre führen sich, da man oftmals mit ihnen noch leichter bauen kann als mit Walzprofilen, immer mehr für Konstruktionen von Maschinenrahmen, Gestellen, Masten usw ein. Dem Vorteil der Gewichts-(und Werkstoff)-Ersparnis steht ein höherer Preis gegenüber. Der Praktikant schenke den zahlreichen Formstücken (früher Fittings genannt) Beachtung, die in Rohrleitungen benutzt werden. Er bemühe sich, nach und nach durch Augenschein die folgenden Teile kennen zu lernen:

Flanschen, Flanschringe, Blindflanschen.

Dichtungslinsen.

Flanschenröhren, Muffenröhren, Krümmer, T-Stücke, Kreuzstücke, Kniestücke, Abzweige, Doppelabzweige, Übermuffen.

Rohrmuttern, Überwurfmuttern, Stöpsel, Kappen, Nippel an Gasrohren.

Wellrohre, Flammrohre, Siederohre und Rauchrohre in Dampfkesseln; Kompensationsrohre in Rohrleitungen.

Die wichtigsten Zubehörteile zu Rohrleitungen: Ventile (Eck-, Wechsel-, Schnellschluß-, Sicherheitsventile), Schieber, Hähne werden gleichfalls von Spezialfabriken bezogen.

Schmiervorrichtungen. Mit diesen Fertigteilen, die bereits ziemlich verwickelter Natur und Herstellung sein können, betreten wir das große Gebiet der vielteiligen Fertigfabrikate, das nun in den verschiedenen Maschinenfabriken je nach der Natur der Maschinengattung wechselt. Fast alle Maschinen müssen an ihren sich bewegenden Teilen geschmiert werden. Auch auf die Beachtung dieser oft unscheinbaren Vorrichtungen zum Schmieren sei hier mit allem Nachdruck hingewiesen. Es ist mühsam und zeitraubend, die Kenntnisse, wie Schmiervorrichtungen zu gestalten und anzubringen sind, sich erst später nach und nach bei den Konstruktionsübungen anzueignen. Dem jedoch, der während der praktischen Arbeit den Einzelheiten der Schmierung die nötige Beachtung geschenkt hat, werden diese Schwierigkeiten erspart bleiben.

Auf die äußerst mannigfaltigen Vorrichtungen zum Hineinbefördern, Auffangen, Reinigen und Wiederverwenden des Öls kann hier nur aufmerksam gemacht werden. Eine moderne Kraftmaschine ähnelt mit ihrer Zentralölung fast dem blutdurchströmten menschlichen Organismus. Hier seien die Namen einiger der wichtigsten Ölvorrichtungen aufgeführt und dem Praktikanten dringend empfohlen, sich über die Bedeutung dieser Fachbezeichnungen durch Augenschein und Frage zu unterrichten.

Staufferbüchse, Tropföler, Ölfänger, Abstreiföler, Dochtöler, Ölschalen, Ringschmierung, Schleuderölring, Schmiernuten (Verlauf? Querschnitt?), Hochbehälterölung, Preßölschmierung, Zentralölung, Ölpumpen.

Rohstoffkosten. Neben der Frage, wie die Werkstoffe gewonnen werden, in welchen Formen sie im Handel sind und welche Eigenschaften sie besitzen, ist die Kenntnis ihres Wertes für den Ingenieur von großer Wichtigkeit. Die Kenntnis des Materialwertes ermöglicht eine ungefähre Schätzung für das Verhältnis zwischen Rohwert und dem durch die Bearbeitung hinzukommenden Betrag an Löhnen für die einzelnen Stücke. Solche Schätzungen sind ungeheuer wichtig für den späteren Ingenieur. Sie geben von vornherein ein Gefühl, dessen kein guter Konstrukteur entraten kann: das Abwägen der verbilligenden Einflüsse ersparter Arbeit und ersparten Werkstoffs gegeneinander. Denn vielfach bedeutet die Ersparnis einer Arbeitsverrichtung, d. h. eines Lohnbetrages, nichts gegenüber den Kosten des Werkstoffs, der um dieser Ersparnis willen mehr aufgewendet werden muß — und umgekehrt. Nur ein von vornherein geübter „Blick" für diese Verhältnisse gibt dem Ingenieur beim Konstruieren die Möglichkeit, rasch die richtige Wahl zwischen Mehraufwand an Werkstoff und Mehraufwand an Bearbeitungskosten zu treffen. Fortwährendes Beobachten dieser Beträge bei einzelnen Stücken ist das einzige Mittel, sich diesen „Blick" anzueignen.

Gewichtsschätzung. Die Voraussetzung für diese Schätzungen ist außer der Kenntnis der durchschnittlichen Rohstoffpreise und der Lohnsätze (die jederzeit durch unmittelbare Frage gewonnen werden kann) die Fähigkeit, das Gewicht des hergestellten Maschinenteils angenähert abzuschätzen. Die Ausbildung dieser Fähigkeit erleichtert die spätere Tätigkeit sehr. Bei allen überschlägigen Kostenrechnungen, bei allen Fragen der Belastung von Werkzeugmaschinen durch schwere Maschinenteile, schließlich bei der Übersicht über die Massenkräfte bewegter Systeme ist die Abschätzung des Gewichts ganz unentbehrlich.

Die Fähigkeit hierzu bedarf im allgemeinen sehr der planmäßigen Entwicklung. Der Nicht-Techniker verfügt zunächst noch gar nicht darüber. Er schätzt Längen und Wanddicken, besonders aber Durchmesser runder Körper bis zu 100% falsch. Deshalb ist es so empfehlenswert, wenn der Praktikant stets ein Meßband oder einen Maßstab mit sich führt, um jeden Augenblick eine Schätzung nach seinem Gefühl durch Ermittlung des tatsächlichen Maßes berichtigen zu können. Nach erlangter Sicherheit im Schätzen von Maßen ist es dann bis zur annähernd zutreffenden Gewichtsangabe nach dem Gefühl natürlich nur ein kleiner Schritt. Das einfachste Hilfsmittel ist die Unterstützung des Auges durch die Muskelkraft der Arme. Die durch Anheben eingeprägten Gewichte eines Gewichtssatzes, auf dessen einzelnen Stücken ja das genaue Gewicht verzeichnet steht, liefert die ersten Anhaltspunkte für das Gefühl. Sodann kann man etwa die Gewichte stereometrisch einfacher Körper (Platten, Barren, Stabeisen u. a. m.) durch Augenmaß und Anheben abschätzen und diese Schätzungszahlen durch die rechnungsmäßige Ermittlung des Gewichtes oder günstigenfalls direktes Abwiegen berichtigen. Das Gewicht eines Körpers ist ja das Produkt aus Rauminhalt und spezifischem Gewicht. Beispielsweise wiegt also:

Ein Stück Flußstahl (spez. Gewicht = 7,85) von 3 cm Durchmesser und 1 m Länge

$$\frac{3^2 \pi}{4} \cdot 100 \cdot 7{,}85 = \text{rund } 5\,540 \text{ g} = 5{,}5 \text{ kg.}$$

Ein Gußeisenbarren (spezifisches Gewicht = 7,6), Abmessungen in cm: $8 \times 6 \times 40$

$$8 \times 6 \times 40 \cdot 7{,}6 = 14\,600 \text{ g} = 14{,}6 \text{ kg.}$$

Hat man so durch vergleichende Schätzung und Rechnung bei einfachen Raumgebilden die Abschätzungsfähigkeit ausgebildet, so kann man nunmehr dazu übergehen, die Gewichte verwickelter Körper zu taxieren. Vor allem ist wichtig die Fähigkeit, Walzprofilen (z. B. I-, U-, L-Stahl oder Eisenbahnschienen, insbesondere ganzen aus ihnen zusammengefügten Konstruktionen) anzusehen, wieviel sie wiegen, da in der Technik besonders häufig die Eigengewichte gerade solcher Gebilde berücksichtigt werden müssen. Das Gewicht von Profilen je Meter ist auf den Normen angegeben.

Bewundernswert ist oft die hoch entwickelte Fähigkeit der Gießereimeister und -betriebsingenieure, mit großer Genauigkeit nach Besichtigung der am betreffenden Tage zu gießenden Gußformen der Bedienungsmannschaft des Schmelzofens die richtige Menge von Gußeisen anzugeben, die sie einzuschmelzen haben — wie man sieht, eine sehr wichtige Anwendung der Kunst, Gewichte abzuschätzen! Denn es bedeutet eine beträchtliche Vergeudung, wenn auch nur 10% Gußeisen überflüssig geschmolzen wird, da ja die gesamten vergossenen Mengen in einem größeren Werk täglich sehr bedeutend sind.

Werkstoffpreise. Um eine einigermaßen richtige Einschätzung des Kostenverhältnisses verschiedener Werkstoffe und der aus ihnen hergestellten, in der Werkstatt sichtbaren Stücke vornehmen zu können, müssen außer dem Verhältnis ihrer Preise für je 100 kg auch die spezifischen Gewichte berücksichtigt werden. Übrigens sind von Belang ja nur die ungefähren Wertverhältnisse der Baustoffe zueinander, und von diesen vermittelt die folgende Übersicht eine für die Zwecke des Praktikanten vollständig ausreichende Vorstellung:

Großhandelspreise (ohne Frachten).

Roheisen	für 100 kg RM. 7.—
Grauguß, je nach Größe des Stückes	„ „ „ „ 30 bis 40
Temperguß	„ „ „ „ 50 bis 60
Stahlformguß, je nach Größe	„ „ „ „ 23 bis 59
Stabstahl	„ „ „ „ 16
Bandstahl	„ „ „ „ 20
Grobbleche (über 5 mm)	„ „ „ „ 19
Mittelbleche (3 bis 5 mm)	„ „ „ „ 20
Feinbleche (unter 3 mm)	„ „ „ „ 21
Dynamobleche	„ „ „ „ 26
Transformatorenbleche	„ „ „ „ 50
Elektrolytkupfer	„ „ „ „ 70
Kupferbleche	„ „ „ „ 90

Kupferdrähte und -Stangen . . . . für 100 kg RM 83
Kupferrohre . . . . „ „ „ „ 105
Messingbleche und -Bänder . . . . „ „ „ „ 100
Messingstangen . . . . „ „ „ „ 83
Messingrohre . . . . „ „ „ „ 100
Zinn . . . . „ „ „ „ 270
Blei . . . . „ „ „ „ 23
Zink . . . . „ „ „ „ 25
Aluminiumbleche und -Stangen . . . . „ „ „ „ 190
Aluminiumrohre . . . . „ „ „ „ 240

Oberschlesische Steinkohle . . . . „ 1 t RM.10 bis 15
Westfälische Steinkohle . . . . „ „ „ 14 bis 18
Briketts . . . . „ „ „ 12

Maschinengußbruch . . . . „ „ „ 45
Kernschrott . . . . „ „ „ 20
Eisenspäne . . . . „ „ „ 15

Auswahl der Werkstoffe. An verschiedenen Stellen dieses Buches ist bereits von Gesichtspunkten die Rede gewesen, die die Wahl der Baustoffe für die jeweiligen Verwendungszwecke bestimmen. Unsere soeben abgeschlossenen Betrachtungen liefern uns nun genügenden Anhalt, um im Zusammenhang diese wichtige Frage kurz zu überblicken.

Die Wahl eines bestimmten Werkstoffs für einen bestimmten Maschinenteil ist hauptsächlich von folgenden Gesichtspunkten abhängig: Verwendungszweck, Festigkeit, Herstellbarkeit, Bearbeitungsmöglichkeit, Preis des Rohstoffes, Preis der Bearbeitung, Gewicht, physikalische Eigenschaften und etwa bestehende Vorschriften von Behörden oder dem Besteller der Maschine. Je nach dem Überwiegen des einen oder andern Gesichtspunktes oder dem Zusammentreffen mehrerer wird die Auswahl von vornherein beschränkt sein. Man wird z. B. Kraftmaschinenkurbeln, hoch beanspruchte Wellenzapfen u. dgl. nur aus bestem Stahl herstellen können, da kein anderer Baustoff die bedeutenden Kräfte mit der gerade hier besonders wichtigen Sicherheit dauernd auszuhalten vermag. Anderseits wird es keinem Techniker einfallen, einen größeren Dampf- oder Gasmaschinenzylinder aus etwas anderem als Gußeisen zu konstruieren, schon wegen der verwickelten Formgebung. Gegenwärtig steht im Vordergrund die Beschaffungsmöglichkeit der Werkstoffe (geregelt durch Verwendungsverbote und Anwendungsrichtlinien), sowie das Streben nach arbeits- und energiesparenden Verfahren.

Gußeisen oder Stahl? Bei weniger zwingenden Anforderungen vermag der Konstrukteur dann auch auf andere Gesichtspunkte Rücksicht zu nehmen, in erster Linie auf den Preis. Ganz allgemein entschieden ist die Kostenfrage für den Bau eiserner Traggerüste und Einzelträger, wie sie etwa der Lasthebemaschinenbau braucht. Noch Mitte des 19. Jahrhunderts steckten Walztechnik und Kenntnis der Konstruktionsgrundlagen gewalzten Flußstahls so sehr in den Kinderschuhen und waren daher die Kosten der Stahlkonstruktion so hoch, daß häufig die Entscheidung zugunsten des Gußeisens fiel. Heutzutage kommt dieser Baustoff für Träger nicht mehr in Betracht.

Die gußeisernen Träger und Brücken stellten eine Vielheit von dünnen Streben und Stützen dar (netzartiger Anblick), die ersten Stahlbrücken entsprechen ihnen hierin noch durch Verwendung vieler kurzer Winkeleisenstücke. Heute werden statt dessen oft Blechträger (ohne hohle Zwischenräume zwischen den Teilen) verwandt (Anblick geschlossener, ruhiger Flächen).

Besondere Verhältnisse liegen für die Rahmen und Gestelle ortsfester Kraftmaschinen vor. Hier war das bedeutende Gewicht der gußeisernen Kraftwiderlager manchmal gerade erwünscht. Die schwingende Maschine sollte auf einem möglichst gewichtigen Klotz befestigt sein, um die nötige Standsicherheit zu besitzen. Auch stellen die schnell und unaufhörlich wechselnden Kräfte einer Kraftmaschine bedeutend höhere Anforderungen an den Zusammenhang der Teile, als die langsamen, gemessenen Bewegungen der Hebemaschinen. Heute entschließt man sich für Lagerung von Kraftmaschinen auf Stahlrahmen, wo geringes Gewicht und höchste Zuverlässigkeit unerläßliche Bedingung ist: im Fahrzeug-, Lokomotiv- und Schiffsmaschinenbau. Auch hat man gelernt, die Massenkräfte so sicher zu beherrschen und störende Schwingungen zu vermeiden, daß es besonders schwerer Gestelle nicht mehr bedarf.

Auch viele Gehäuse von Maschinen aller Art werden noch in Gußeisen hergestellt. Immer mehr setzen sich jedoch geschweißte Stahlgehäuse durch. Sie sind erheblich leichter, lassen sich in sehr viel kürzerer Zeit herstellen und stehen auch, was die Starrheit, also die Steifheit bei Schwingungen, anbetrifft, gußeisernen Konstruktionen nicht nach. Wichtig ist, daß bei richtiger Konstruktion, die auf die Eigenschaften des Stahles gebührend Rücksicht nimmt, die Maschinen mit Gehäusen und Rahmen aus Walzmaterial ein gänzlich neues Bild bieten, was man von der alten gußeisernen Konstruktion nicht kannte. Besonders fallen ja die aus gußtechnischen Gründen erforderlichen Rundungen und Schrägen weg. Es ist eben eine Tatsache, daß der Werkstoff den Aufbau und das Aussehen einer Maschine grundlegend beeinflußt und eine Konstruktion keinesfalls blind übernommen werden kann.

Der Konstrukteur muß, zumal wenn es sich um Anlagen von Umfang handelt, mit allen verfügbaren Hilfsmitteln arbeiten können, auch mit Stoffen, die dem eigentlichen Maschinenbau etwas ferner liegen. Es gibt manche Halbfabrikate, die richtig verwendet die Arbeit des Entwerfers sehr erleichtern können. Der Praktikant überlege sich zum Beispiel einmal, in wie zahllosen Fällen Stahlrohr als wesentlicher Bestandteil eines Ingenieurbauwerkes auftritt. Nicht nur für Geländer und Einfassungen, als Verkleidung und Schutzhülle, sondern immer mehr auch als hochbelastbares, raumsparendes Tragorgan läßt es sich mannigfaltig ausnutzen. Ähnlich steht es mit gelochten Blechen und Wellblech, wenn auch das letztgenannte etwas zurückgetreten ist.

Gezogene Profile. Eine Frage der Wirtschaftlichkeit ist es vor allem, ob bei einem Sonderbedürfnis die Bestellung von ausgefallenen Formen der Halbfabrikate lohnt oder nicht. In vielen Fällen, wo die Kostenberechnung zugunsten einer Sonderausführung ausfiel, konnten durch Verwendung

Beispiele gezogener Profile

passender Profile beträchtliche Ersparnisse an Bearbeitungskosten gemacht werden. Die dargestellten Profile von gewalzten und gezogenen Rohren, sowie Stangen betrachte der Leser genau und frage sich, ob er nicht schon Gegenstände gesehen hat, die auf einfachste Weise daraus entstanden sind.

Blech als Träger der Konstruktion. Ein besonderes Kennzeichen der neueren Bestrebungen in der Fortentwicklung der Konstruktionen ist der Umstand, daß immer mehr als Werkstoff mit vielseitigster Verwendungsmöglichkeit Stahl oder Leichtmetall in Form von Blech auftritt. Im Apparatebau beherrscht Blech ja schon längere Zeit ziemlich das Feld; die Feinmechanik und Fernmeldetechnik wäre nicht anders zu denken. Es ist hier weniger an die Bevorzugung von Blech in großen Flächen gedacht, wie wir sie im Waggonbau, im Bauwesen (als Bekleidungen oder Abdeckungen) finden, sondern an die Fälle, wo das Blech tatsächlich zum wesentlichen Träger der Konstruktion geworden ist. Am deutlichsten tritt das beim modernen Ganzmetallflugzeug hervor. Bekanntlich werden dabei die zahllosen Streben und Versteifungen aus gebogenen Blechteilen gefertigt, im Gegensatz zu der an sich auch möglichen Verwendung von gewalzten Winkel- oder T-Profilen. Genannt seien noch die vielen Fälle, in denen bislang Rippen aus Guß hergestellt wurden. Bei aufmerksamer Beobachtung kann man Heizkörper, Lufterhitzer und andere Apparate mit Wärmeübertragung (z. B. Badeöfen) finden, an denen die wichtigen Konstruktionsteile ausnahmslos aus Blech bestehen. Die Gründe sind verschiedener Natur; die leichte Formgebung durch Biegen, Pressen, Tiefziehen, sodann der Fortfall spanabhebender Bearbeitung und teurer Passungen, gleiche Wanddicken, Gewichtsersparnis und die bequeme Verbindung durch Schweißen haben nicht unwesentlich dazu beigetragen.

Wie groß die Ersparnis an Werkstoff und damit an Gewicht sein kann, wenn man von einfachen Vollprofilen zu flachen oder gar zu gebogenen Blechträgern übergeht, zeigt nebenstehende Übersicht. Als Beispiel wurde ein einseitig eingespannter, am Ende belasteter Balken angenommen. Die Ausnutzung solcher Erkenntnisse in größtem Umfang steht noch bevor. Jede so weitgehende Konstruktionsänderung erfordert indessen auch viel Zeit und Geld.

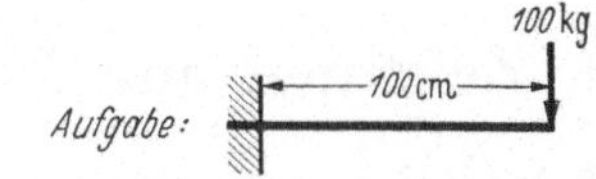

Bauform	Werkstoffaufwand	
	kg	%
	13,6	100
	12,0	88
	5,9	43
	5,6	41
	4,4	32
	4,0	29
	2,5	18
	1,7	12,5

Gewichte von Trägern mit gleicher höchster Werkstoffbeanspruchung (nach Prof. Dr.-Ing. Kloth)

9. Zeichnen und Lesen von Zeichnungen

Zweck der Zeichnung. Von vornherein ist eine falsche Vorstellung vom Wesen der technischen Werkstattzeichnung zu vermeiden: Die technische Werkzeichnung verfolgt nicht als Hauptzweck, die Abbildung des zu verfertigenden Gegenstandes zu geben. Wäre dies der Fall, so müßte ihre Manier der Photographie möglichst nahegebracht werden. Diese Darstellungsweise ist die der Katalog- oder Offertzeichnungen, der Illustration, deren Zweck es ist, auch Nicht-Ingenieuren mit einem Blick eine Vorstellung von dem angebotenen Gegenstand zu geben. Der Zweck der Werkzeichnungen ist ein ganz anderer: sie sollen die richtige Herstellung des gewollten Stückes nach Maß und das richtige Zusammenfügen der Einzelteile ermöglichen.

Die Sprache des Ingenieurs. Mit Recht kann man sagen, daß die Zeichnung die Sprache des Ingenieurs ist. Dies zieht von selbst nach sich, welche Anforderungen an Zeichnungen zu stellen sind. Früher war eine eigene Ausbildung der Arbeiter für das Lesen der Zeichnungen nicht unbedingt nötig. Die Werkstätten waren kleiner und zwischen Arbeiter, Werkmeister und Ingenieur eine persönliche Fühlungnahme leichter durchführbar. So konnte der Vorgesetzte von Fall zu Fall zu der Zeichnung Erläuterungen geben. Das ist heute nicht mehr möglich; im Lesen und Verstehen der Zeichnungen muß eine weitgehende Selbständigkeit von Arbeiter und Werkmeister verlangt werden.

Zeichenkurse. Die planmäßige Ausbildung im schnellen Verständnis der Werkzeichnungen bildet daher heute für den gelernten Arbeiter einen Teil seiner Lehre. Eine Ergänzung zu ihr stellt in der Regel ein besonderer Unterricht außerhalb der Werkstatt dar. Wo eine Firma nicht selbst in der Lage ist, ihren Lehrlingen in einer „Werkschule" diesen Unterricht zu erteilen, müssen diese eine der überall bestehenden Berufs- oder Fachschulen besuchen.

Die Zeichenkurse, die hier abgehalten werden, sind nun genau das, was der Praktikant zum Verständnis der ihm vorliegenden Zeichnungen braucht. Wo also eine Werkschule mit Zeichenunterricht für Praktikanten nicht besteht, wäre auf das dringendste zu wünschen, daß in einer technischen Schule Gelegenheit genommen wird, die zeichnerische Ausbildung eines gelernten Arbeiters aus eigener Erfahrung kennen zu lernen.

Anderseits sind hier gleiche Gesichtspunkte maßgebend wie bei der freiwilligen völligen Unterordnung unter die Arbeitsordnung. Besucht der Praktikant energisch und regelmäßig den Fortbildungsschulunterricht im Zeichnen, so bildet er sich, vom sonstigen Vorteil abgesehen, vor allem ein zutreffendes Urteil für dessen Zweckmäßigkeit und Grenzen. Es ist niemandem möglich, aus der Theorie heraus zu ermessen, ob der in der Entwicklung stehende Mensch einen mehrstündigen Unterricht nach der Tagesarbeit erfolgreich in sich aufnehmen kann. Nur wer selbst erprobt hat, wie wenig oder wie viel Energie dazu gehört, wird mit seinem Urteil vor Täuschungen nach positiver und negativer Seite hin einigermaßen bewahrt bleiben.

Darstellungsregeln. Oben war gesagt, daß die Zeichnung geradezu die Sprache des Ingenieurs darstellt. Durch sie werden den Arbeitern in der Gießerei und Schmiede, an den Werkzeugmaschinen und bei der Montage vom Konstruktionsbüro die Anweisungen erteilt, nach der das gewünschte Erzeugnis herzustellen ist. Was der Ingenieur beim Entwurf gedacht hat, was sein geistiges Auge als die zukünftige Maschine gesehen hat, das alles muß die Zeichnung einwandfrei enthalten. Hieraus ergeben sich für deren Anfertigung gewisse Darstellungsregeln, die Zeichnungsnormen, nach denen einheitlich in allen Werken verfahren wird.

Eindeutigkeit. Die gute Werkzeichnung muß vor allen Dingen eindeutig sein; es darf nur eine Möglichkeit. geben, wie ihre Angaben aufzufassen sind. Wo demnach Zahlen nötig sind (Maßangaben), nimmt man sie nur einmal auf, um zu vermeiden, daß bei Änderungen übersehen wird, eine Zahl zu berichtigen, — was die notwendige Eindeutigkeit beseitigte.

Die Zeichnung erstrebt nicht die Darstellung des bildmäßigen Aussehens der Körper, sondern lediglich die Festlegung der Umrisse, Kanten und ihrer gegenseitigen Abstände. Sind diese aber erschöpfend dargestellt, so ist von selbst die richtige und eindeutige Gestalt der Körper gewährleistet.

Projektionen, Ansichten. Die Abbildung erfolgt nun im allgemeinen von drei Standpunkten aus, entsprechend den drei Dimensionen: genau von vorn, genau von der Seite und genau von oben. Infolgedessen enthält durchschnittlich jede Werkzeichnung von ein und demselben Teil drei Ansichten oder „Projektionen“ in ganz bestimmter Lage zueinander. Im Gegensatz zu dem gewohnten Überblicken des Gegenstandes in einer Abbildung bedarf es also hier einer besonderen geistigen Arbeit: der Kombination dreier Abbildungen zu einer einzigen Raumvorstellung. Die Voraussetzung, die das Erledigen dieser geistigen Arbeit ermöglicht, ist eine an sich nicht lernbare, aber im höchsten Grade ausbildungsfähige Geistesgabe: das Raumvorstellungsvermögen. Um dieses für den schöpferisch tätigen Ingenieur unentbehrliche Raumvorstellungsvermögen zu entwickeln, ist nichts förderlicher als eine gründliche Übung in der „Darstellenden Geometrie.“ Wer also empfindet, daß seine Fähigkeit in dieser Hinsicht nicht ausreicht, befasse sich rechtzeitig mit diesem interessanten Fach.

Linien. Die bei einer Projektion von vorn sichtbaren Kanten des Körpers werden durch kräftige, volle Linien, unsichtbare Kanten (z. B. hinten liegende) durch etwas schwächere gestrichelte Linien gekennzeichnet. Maßlinien und Maßhilfslinien zeichnet man ganz dünn, aber voll, und Symmetrielinien und sogen. Mittellinien strichpunktiert aus.

Schnitte. Bei der komplizierten Form vieler Maschinenteile würde jedoch durch einfache Wiedergabe der drei Projektionen noch nicht alles Nötige gesagt sein, besonders bei Hohlkörpern. Infolgedessen legt so gut wie jede Werkzeichnung den Schwerpunkt in die Darstellung durchschnittener Teile. Die Darstellungsregeln bleiben für solche Schnitte genau die gleichen. Äußerlich müssen deshalb natürlich Schnittflächen von Ansichtsflächen unterschieden werden. Hierzu wird das einfachste Mittel gewählt: die Schraffung der Fläche. Hierdurch kommt als willkommener Nebenerfolg größere Deutlichkeit zustande.

Sinnbilder. Für häufig wiederkehrende Formen, wie Gewinde oder Darstellung einer Bruchlinie, sind besondere Zeichenregeln festgelegt, die eine möglichst mühelose, einfache und klare Eintragung bezwecken. Ebenso sind für Schrauben, Federn, Zahnräder und Nieten „Sinnbilder“ eingeführt, ebenso wie die schematischen Zeichen in Schalt- oder Rohrleitungsplänen.

Zeichen. Neben den Abmessungen der Werkstücke enthält die moderne Zeichnung noch Angaben über die Oberflächenbeschaffenheit. Man überläßt es heute nicht mehr den Meistern, zu entscheiden, wie und wie genau bearbeitet werden soll. Man will ja an Arbeit sparen und nicht mehr Flächen bearbeiten, als nötig ist, und dies nur mit der Genauigkeit, die der Verwendung in jedem Fall entspricht. Demgemäß wird der Praktikant finden, wie an den Kantenlinien durch festgelegte Symbole, die „Oberflächenzeichen“, vorgeschrieben ist, ob jeweils geschruppt, geschlichtet oder geschliffen werden soll. Ebenso ist an den Stellen, die in Löcher anderer Teile passen oder sich in ihnen bewegen sollen, angegeben, welche Genauigkeit verlangt wird, das heißt um welchen kleinen Betrag das eingetragene Maß höchstens über- oder unterschritten werden kann.

Schriftfeld. Zur Aufnahme weiterer Bemerkungen, vor allem zur Benennung der Zeichnung, dient das rechts unten befindliche Schriftfeld. Die in der Stückliste gegebenen Bezeichnungen der Einzelteile, die noch besonders durch die Teilzeichen (früher Teilnummern, Positionsnummern) auf der Zeichnung identifiziert werden, sind maßgebend für alle geschäftlichen Maßnahmen, die sich an deren Herstellung knüpfen, wie Lohnberechnung, Bestellung von Fertigfabrikaten, endlich für durchgehende übereinstimmende Bezeichnung auf allen Zetteln und in allen Büchern der Meister und Büros. Verbunden mit der Bezeichnung ist meist die „Kommissionsnummer“, d. h. die Registriernummer des Auftrages, zu dem das Stück geliefert wird, in den Rechnungen und Geschäftsbüchern der Firma. Weiter gibt die Stückliste die Werkstoffe und das Gewicht an, um hierdurch die rechtzeitige und ausreichende Bereitstellung der erforderlichen Rohstoffe mit möglichst geringem Aufwand an Mühe zu gewährleisten. An der Stückliste sieht der Praktikant zugleich, wie die Werkzeichnungen beschriftet werden. Das ist für ihn wichtig, da er selbst, zuerst bei seinen Skizzen im Werkarbeitsbuch, dann bei allen Zeichnungen auf der Hochschule oder Ingenieur-Schule, diese Blockschrift anwenden und sie deshalb frühzeitig üben muß.

Lichtpausen. Während früher die kunstvoll angelegten Zeichnungen, reichlich mit farbigen Ausmalungen versehen, so in die Werkstatt kamen, wie sie das Konstruktionsbüro verließen, gelangt heute kein Original einer Werkzeichnung mehr in die Hände der Arbeiter. Schon lange hat man erkannt, daß die kostbare Handzeichnung nicht durch den Gebrauch an den Maschinen verschmutzen oder zerreißen darf und daß man sie allzu häufig bei Verbesserung der Konstruktion wieder im Büro braucht. Man benutzt daher für die Originale durchscheinendes Papier, Paus- oder Ölpapier bzw. Pausleinen und stellt hiervon eine Art photographischer Abzüge, die sogenannten Lichtpausen, her (Blau-, Rot- oder Weißpausen). Diese lassen sich verhältnismäßig billig in beliebiger Menge anfertigen und setzen nur voraus, daß das Original einfarbig schwarz gezeichnet ist. Daher sind die früher bunten Maßlinien und Schnittflächen verschwunden, alles wird durch gestrichelte und strichpunktierte Linien sowie durch Schraffung angedeutet.

Sind die Pausen auch billig und in genügender Menge vorhanden, ist dennoch ihrer Behandlung einige Aufmerksamkeit zu widmen. Es ist nicht angebracht, sie auf die stets öligen Betten der Drehbänke zu legen oder durch Schmierflüssigkeit zu verderben. Vielfach sind deshalb an den Maschinen einfache Drahtständer mit Klammer angebracht, die die Zeichnung in Augenhöhe halten und vor unnötiger Zerstörung schützen.

Mitunter teilt man das Zeichenblatt in mehrere Felder, entsprechend den Einzelteilen. Dann wird das Blatt zerschnitten und jeder Arbeiter erhält, zusammen mit seiner Lohn- oder Akkordkarte, nur die Teile, die er selbst auf seiner Maschine bearbeitet.

Das Einschreiben richtiger, das heißt brauchbarer und notwendiger Maße lernt man nirgends besser als in der Modelltischlerei. Alle Gußmodelle werden aus gewissen Holzstücken zusammengefügt. Jedes einzelne von ihnen richtig zu erkennen, mit allen Maßen lückenlos zu versehen, ist eine Kunst, von der in hohem Maße abhängt, ob der Modelltischler ohne lange Rückfragen arbeiten kann. Ebenso erweist sich die Brauchbarkeit einer

Werkzeichnung an den Anreißplatten, wo die Markierungen an den Werkstücken für das Bearbeiten vorgenommen werden.

Freies Skizzieren. Das konstruktive Zeichnen mit Zirkel und Lineal übt der angehende Ingenieur auf der Hochschule oder Ingenieurschule reichlich. Er möge sich hierbei früh an das Arbeiten am Reißbrett (Reißschiene in Parallelführung) gewöhnen. Während der praktischen Ausbildung kommt nur ein Skizzieren der Werkstücke in Frage. Diese sind, besonders im Werkarbeitsbuch, freihändig, nicht in bestimmtem Maßstab, aber doch gegenseitig in richtigem Verhältnis der Maße, zu skizzieren. Der Praktikant tut gut, recht oft zur Übung Maschinenteile freihändig zu zeichnen, wozu im Werkarbeitsbuch praktische Ausführungswinke gegeben sind.

III. Werkstätten für spanlose Formung

10. Gießerei, einschließlich Modelltischlerei

Gießerei und Modelltischlerei bilden sinngemäß ein einziges Ganze. Die einfachen Gründe der Feuersicherheit machen aber stets ihre Unterbringung in zwei vollständig getrennten, wenn auch benachbarten Gebäuden nötig. Die Arbeit in der Modelltischlerei ist ohne ausgiebige Kenntnis des Formens nicht zu verstehen. Falls daher Anordnungen der Werkoberleitung den Praktikanten in die Modelltischlerei einstellen wollen, ohne daß er vorher in der Gießerei gearbeitet hat, so kann jedem Praktikanten nur der Rat gegeben werden, durch eine Bitte an den mit der Praktikantenausbildung betrauten Ingenieur eine umgekehrte Reihenfolge herbeizuführen. Wegen ihrer Wichtigkeit soll im folgenden auf die Technik des Formens und Gießens etwas ausführlicher eingegangen werden.

Die Herstellung von Gußstücken setzt sich aus vier Hauptvorgängen zusammen: dem Herstellen der Form und der Kerne, dem Schmelzen, dem Gießen und dem Gußputzen. In dieser Reihenfolge mögen sie besprochen werden.

Herstellung der Form. Jeder Rohstoff, dem man durch Gießen eine bestimmte Gestalt verleihen will, muß zu diesem Zweck in eine Form gegossen werden, die alle seine Erhöhungen als Vertiefungen, alle seine Höhlungen als Vollkörper, alle seine Wandungen als Hohlräume zeigt, also in allen Stücken sein „Negativ" ist. Die Regel ist, daß dieses Negativ in der Weise erzeugt wird, daß ein dem zu bildenden Gußstück kongruentes „Modell" aus (vorläufig) beliebigem Stoff in bildsamer Masse abgedrückt wird.

Herdguß. Nach vorsichtigem Herausheben des Modells behält die „Form" ihre Gestalt und gibt, mit erstarrendem Rohstoff angefüllt, diesem die gewünschte Form. Eine derartige rein oberflächliche Vollfüllung eines nackt daliegenden, unüberdeckten Negativs hat natürlich zur Folge, daß die freie obere Fläche des mit seinen Erhöhungen nach unten liegenden Gußstückes (der Flüssigkeitsspiegel des flüssigen Metalls) eben wird. Nur selten kann man sich mit solchem „Herdguß" begnügen. Will ich dagegen beispielsweise eine Kugel gießen, so muß ich eine Modellkugel ganz um und um in bildsamen Formstoff einformen und herausheben. Ich habe dann eine Hohlkugel vor mir, die, mit Gußstoff angefüllt, eine Kugel ergibt.

Teilung und Formgebung der Modelle. Bereits bei diesem einfachen Beispiel zeigt sich jedoch, daß die Sache nicht so rasch getan ist, wie gesagt. Wie soll man denn die Modellkugel aus dem Formstoff herausbringen, ohne diesen durch den größten Kreis der Kugel beiseite zu schieben und so das Negativ zu zerstören? Wir können uns nicht anders helfen, als daß wir die Modellkugel durch Zerschneiden längs eines größten Kreises zweiteilig machen und zunächst die eine Hälfte mit Schnittebene nach oben einformen. Hierbei wird die Halbkugel ganz in einen Rahmen mit Formstoff eingesenkt, so daß ihr größter Kreis und die Oberfläche der Form eine einzige Ebene bilden. Nunmehr legt man die zweite Halbkugel mit ihrem größten Kreis auf den der ersten und sorgt durch in Hülsen der einen Hälfte eingreifende Zapfen der anderen Hälfte (Dübel oder Düwel genannt), daß sie sich nicht seitlich verschieben kann. Umgibt man nun die obere Hälfte mit einem gleichen Rahmen wie die untere und erfüllt ihn ebenfalls mit bildsamem Formstoff, stellt also sozusagen ein Spiegelbild des Unterrahmens her, so kann man nach vollendeter Füllung den oberen Rahmen mit Form und oberer Halbkugel von dem unteren abheben, sofern man vorher durch Bestreuen der Oberfläche der Unterrahmenform mit trocknem Sand dafür gesorgt hat, daß der Formstoff des oberen Rahmens sich nicht mit dem des unteren verbindet. Die Oberebene des Unterrahmens hat dabei die Unterfläche des Oberrahmens gleichfalls als Ebene entstehen lassen. Legen wir jetzt den Oberrahmen auf den Rücken neben den Unterrahmen, so haben wir zwei genau gleiche Bilder vor uns: in jedem Rahmen steckt eine Halbkugel bis zu ihrem größten Kreis in Formstoff mit ebener Oberfläche. Jetzt ist das Herausheben beider getrennter Halbkugeln ohne weiteres möglich, da der größte Kreis oben ist, also das Modell sich ständig nach unten „verjüngt". Nach dem Herausheben zeigen sich zwei Hohlhalbkugeln in dem Formstoff. Legen wir wieder die zusammengehörigen Seiten der beiden Rahmen aufeinander, so decken sich jetzt, falls die Rahmen eine Vorrichtung besitzen, die ihre gegenseitige Lage immer wieder in gleicher Weise herstellt, alle Umrisse wie vorher, nur daß an Stelle des Modells ein leerer Raum getreten ist. Da dieser in der Mitte liegt, kann ich aber nun noch nichts hineingießen. Der Former hat also von vornherein einen Gießkanal bis zur Höhlung auszusparen, durch den er das Gußgut hineinzugießen vermag. Ferner muß ein zweiter Steigkanal oder „Steiger" vorgesehen werden, durch den die Luft entweichen kann und der seinen Namen daher führt, daß man aus dem Steigen des Metallspiegels in ihm beurteilen kann, wann das Gußgut die Form ganz erfüllt. Nach erfolgtem Guß wird die Form im allgemeinen zerstört und das Gußstück liegt frei, höchstens durch anhaftenden Formstoff verunreinigt, der noch „abgeputzt" werden muß.

Wir sehen, daß selbst einfache Körper schon schwierig zu gießen sind. In der eben beschriebenen Tätigkeitsfolge haben wir das Urbeispiel aller Formerei, an dem wir uns bereits über fast alle Vorgänge in der Formerwerkstatt belehren können.

Folgende Einzelteile sind also zum Einzelguß unbedingt nötig: das Modell, der Formstoff und der Formrahmen, oder wie der Former sich ausdrückt, der Formkasten. Welche Bedingungen hat jedes von ihnen zu erfüllen, und wie werden sie erfüllt?

Das Modell muß in der Regel zwei- oder mehrteilig sein. Es muß unbedingt so geteilt werden, daß, von der Teilebene aus gerechnet, sich alle Teile verjüngen. Andernfalls würde eine hervorragende Kante beim Herausheben nach oben allen über ihr lagernden Formstoff mitnehmen und dadurch die Form entstellen oder zerstören. Die zweite Bedingung ist, daß beide Hälften oder alle Teile so beschaffen sind, daß sie sich in der Teilebene nicht gegeneinander verschieben können. Die dritte Anforderung entsteht aus der Notwendigkeit, die Modellhälfte leicht aus dem dicht angeschmiegten Formstoff herauszuheben. Hierzu kommen die allgemeinen maschinentechnischen Anforderungen der Dauerhaftigkeit, Festigkeit, leichten Herstellbarkeit und Billigkeit.

Um bei der letzten Gruppe von Bedingungen anzufangen, so erfüllt das Holz sie alle aufs vortrefflichste und dient daher fast ausnahmslos als Rohstoff der Modelle. Dem Nachteil des Holzes, daß es sich nämlich „zieht", wird durch langes Lagern, Trocknen, Verleimen einzelner Platten und einen Schutzanstrich entgegengetreten. Die Maßnahmen für leichtes Herausheben aus der Form beginnen schon im Konstruktionsbüro, wo der entwerfende Ingenieur möglichst die rein prismatische oder zylindrische Form (Basis: Teilebene) in schwach verjüngte oder kegelige wandelt, so daß das Gesetz der ständigen Verjüngung stets ausgesprochen zur Geltung kommt. Liegt das Modell im Formstoff, so bietet es, nur in seiner Teilebene sichtbar, keinen Angriffspunkt zum Herausheben; der Tischler bohrt daher in beide Teilebenen mindestens ein Gewinde, in die der Former beim Herausheben Handgriffe einschraubt. Das Modell erhält einen farbigen Schutzanstrich entsprechend dem Gußmaterial (Grauguß = rot). Werden alle Kanten sorgfältig „gebrochen", d. h. abgerundet, so hat damit der Schreiner alles getan, was in seiner Macht steht, um leichtes Herausheben aus der Form zu bewirken, wofür sich wiederum das Holz wegen seiner Leichtigkeit ganz besonders gut eignet. Der Former bestreut obendrein das Modell vor seiner Überdeckung mit Formstoff noch mit Graphit oder Bärlappsamen (Lykopodium), so daß es leicht „losläßt". Außer dem Gewinde für den Hebegriff bekommt die eine Hälfte in der Teilebene zwei vorstehende Stifte (Dübel) eingebohrt, die in zwei auf der anderen Hälfte eingelassene Dübelhülsen genau passend eingreifen, wenn die Umrisse der Teilebenen sich genau decken. Hierdurch wird die Bedingung der Unverschiebbarkeit erfüllt.

Kommen die Folgen dieser Bedingungen wesentlich nur in der Werkstatt zum Ausdruck, so haben wir in den Bedingungen für die Teilbarkeit des Modells solche vor uns, die bereits der Konstrukteur beim Entwurf berücksichtigen kann und berücksichtigen muß. Diese Fragen sind daher für jeden Ingenieur sorgsamsten Studiums wert. Die Gießereitechnik steht zwar heute auf einer solchen Höhe, daß schlechthin alles geformt und gegossen werden könnte — aber mit welch verwickelten und kostspieligen Mitteln und mit welch geringem Grade von Zuverlässigkeit im Guß und im Betrieb! Die Summen, die ein Ingenieur erspart, wenn er so konstruiert, daß seine Modelle immer möglichst einfach, zweiteilig gehalten werden können, sind um so beachtenswerter, als sie sich mit der Zahl der Abgüsse vervielfachen.

Die Teilung der Modelle sicher beurteilen zu können und über die Mittel nachzudenken, die bei den verschiedenen typischen Maschinenteilen zu einfachster Teilung führen, ist die Hauptaufgabe des Aufenthalts in der Modellschreinerei und Gießerei. Es ist sehr dienlich, sich mit der seitens der Tischler gewählten Teilung nicht als mit der einzig möglichen zufrieden zu geben. Vielmehr versuche man stets herauszufinden, ob vielleicht eine andere Teilung vorteilhafter gewesen wäre oder welche Gründe zwingend zu der Wahl der ausgeführten Teilung geführt haben. Fleißige Unterhaltung mit Tischlern, Meister und Ingenieur im Falle von Unklarheit über diese Gründe muß gepflogen werden. Kurz, der Praktikant soll kein Mittel unterlassen, sich über die Frage der Teilung der Modelle derart zu belehren, daß ihm im späteren Studium und Beruf die gußtechnische Anschauungsweise aller Gußkörperformen in Fleisch und Blut übergegangen ist.

Formstoffe. Aus der Modelltischlerei gelangen wir bei der Frage des Formstoffes in die Formerei. Die vom Formstoff zu erfüllenden Bedingungen hängen, abgesehen von der nötigen Bildsamkeit, ausschließlich von dem Gußstoff ab. Wir fassen hier vor allem Gußeisen als Gußstoff ins Auge. Denn die „Metallgießerei" (Guß von Nichteisenmetallen) weicht nur in Nebenpunkten von der Eisengießerei ab. Die für die Eigenschaften des Formstoffes ausschlaggebenden Bedingungen sind also: erstens hohe Temperaturbeständigkeit wegen der Hitze des flüssigen Metalls. Ferner hat flüssiges Eisen in ganz besonders hohem Maße die Eigenschaft aller Flüssigkeiten: gasförmige Stoffe zu absorbieren. Diese gibt es beim Erkalten wieder frei. Der Formstoff muß also zweitens auch für Gase durchlässig sein. Hieraus erklärt sich, wieso die Wahl auf pulverförmige Körper als Formstoffe fallen muß, eine Wahl, die wegen der scheinbar geringen Haltbarkeit solcher Formen auf den ersten Blick befremdet.

Sand. Sand ist das beste Formgut für Eisenguß, insbesondere der künstlich zusammengemischte feine Formsand. Er besteht im wesentlichen aus Kieselsäure, Tonerde, Kalk und Eisenoxyd. Die freie Kieselsäure macht ihn feuerbeständig, die Bildsamkeit rührt von dem Gehalt an Tonerde her in Verbindung mit dem teils chemisch, teils mechanisch gebundenen Wasser. Bei der Berührung mit dem geschmolzenen Metall oder beim Brennen im Trockenofen wird die Kieselsäureverbindung chemisch entwässert und verdampft das mechanisch gebundene Wasser. Hierdurch verliert der Formsand seine plastischen Eigenschaften, gewinnt jedoch an Gasdurchlässigkeit. Es wird dabei also nicht nur aus feuchtem Sand trockener Sand, sondern der Sand verändert auch seine chemische Beschaffenheit. Eine Auffrischung durch Beimengen frischer Kieselsäure-Wasser-Verbindungen wird daher stets vonnöten sein. Auch dann ist benutzter Sand nicht beliebig oft wieder benutzbar. Seine „Lebensdauer" hängt hauptsächlich von seiner Feuerbeständigkeit ab. Diese gibt also ein Maß für den wirtschaftlichen Wert des Formsandes. Die gute Mischung des frischen sowie die Behandlung des alten Sandes findet in der „Formsandaufbereitung" statt. Um zu sparen, wird frischer Sand nur unmittelbar an der Modelloberfläche verwandt, der übrige Raum der Formkästen aber mit altem Sand aufgefüllt.

Die Festigkeit derartiger reiner Magersandformen ist natürlich nicht groß. Über die Mittel, sie widerstandsfähiger zu machen (Formstifte, Stampfen u. dgl.), muß sich der Praktikant durch Augenschein belehren. Die Wichtigkeit wohl abgerundeter Kanten, oder besser: die Unmöglichkeit, scharfe Kanten ausreichend gegen „Wegschwimmen" des Sandes zu sichern, muß er sich als unerläßliche Konstruktionsregel für Studium und

Beruf selbst ausprobieren. Gußstücke dürfen nicht scharfkantig konstruiert werden. (Welche Ausnahmen?)

Masse. Bei größeren Gußformen kommt man schließlich mit magerem Formsand nicht mehr aus. Er vermag schwebend nicht mehr sein Eigengewicht, ruhend nicht mehr den Druck eingelegter Formteile auszuhalten. Man erhöht daher seinen Gehalt an Bindemittel: an Ton. So entsteht sehr fetter Formsand, sogenannte „Masse". Die „Masse" ist zwar widerstandsfähiger, so daß man selbst die größten Gußstücke in ihr formen kann, aber auch weniger gasdurchlässig als Magersand. Die flüchtige Erhitzung beim Eingießen des Eisens macht die Masse nicht schnell genug porös, die Gase können nicht schnell genug entweichen, die Form steht in Gefahr zu explodieren, das Eisen wird blasig, da es seines Gases sich nicht nach außen entledigen kann. Masseformen müssen daher stets stundenlang gleichmäßig getrocknet werden, was bei unbeweglichen Formen mit Preßkohlen, bei verfahrbaren im Trockenofen geschieht. (Temperatur des Trockenofens? Dauer des Trocknens? Brennstoffaufwand? Möglichkeit, die Abhitze des Gießofens zu nutzen?)

Lehm. Neben der Masse ist für große Gußkörper einfacherer Gestaltung der billigere Lehm üblich, der sich wegen seiner Porosität in getrocknetem Zustand und seiner hervorragenden Bildsamkeit in nassem vorzüglich zu Gußformen eignet. Er bedingt gleichfalls ausgiebigste Warmtrocknung.

Die Aufgaben der Formstoffe werden vom Former in mannigfachster Weise unterstützt: so schafft er mit dem sogenannten „Luftspieß" millimeterfeine Kanälchen in kleinen Formen, mit eingelegten, vor dem Guß entfernten runden Stäben große Kanäle bei Großformen, um den massenhaft frei werdenden Gasen besondere Auswege zu bieten. Die Dauerhaftigkeit wird erhöht durch nachdrückliches Stampfen und Zusammendrücken des Formsandes — eine Handhabung, die dauerhafteste Ausführung der darunter liegenden Modelle bedingt. Alle derartigen kleinen Handwerksmaßnahmen müssen der eigenen Beobachtung durchaus überlassen werden. Immer wieder sei betont, daß eigenes Nachdenken hierbei besser ist als vorschnelles Fragen — stets aber Fragen besser, als unverständliche Maßnahmen schweigend mit anzusehen.

Formkästen. Die Bedingungen, die endlich die Formkästen erfüllen müssen, sind einfachster Natur und werden mit einfachsten Mitteln erfüllt. Durch zwei sorgsam passende Stifte- und Ösenpaare am Rande der (gußeisernen) Rahmen wird gewährleistet, daß sie stets abweichungslos übereinander zu liegen kommen. Auf die Genauigkeit im Passen dieser Stifte sollte allerdings vielfach größerer Wert gelegt werden, denn bei wackligen, ausgeleierten Verbindungen stehen die Kästen ungenau aufeinander, und schlechter Guß ist häufig die Folge. Größere Formkästen, die oft nur noch mit Kränen bewegt werden können, haben noch an der Innenseite senkrechte gegenüberliegende Nuten, zwischen denen Eisengitter mit Keilen befestigt werden. An ihnen findet die Formmasse willkommenen Halt.

Nachdem wir so an Hand der einfachsten Abformung uns über die ersten Grundlagen des Formens klar geworden sind, müssen wir diese ergänzen, indem wir nunmehr an diejenige gußtechnische Aufgabe herantreten, die der Maschinenbau **hauptsächlich** an die Formerei stellt: die Erzeugung **hohler** Gußkörper.

Knüpfen wir an unser erstes Beispiel an: Wir wollen eine **Hohlkugel** gießen. Wie erzeugen wir die Form?

Kerne. Es muß nichts weiter geschehen, als verhindert werden, daß der ganze vorher geschaffene Raum voll Eisen läuft. Wir füllen also einfach den Raum, der fürs Eisen versperrt sein soll, ebenfalls mit Formsand aus: wir stellen einen „Kern" her, den wir in die ursprüngliche Form hineinlegen. Hieraus ersehen wir, daß es für die Herstellung eines Modells belanglos ist, ob der zu erzeugende Körper voll oder hohl ist. **Das Modell liefert immer nur die Außenform.** Ich kann in diese Außenform nach Belieben verschiedene Hohlräume hineingießen, je nach den Kernen, die ich in die hohle Form einlege.

Wie erzeuge ich einen solchen Kern? War die Form das Negativ des Modells, so ist der Kern das Positiv des sog. Kernkastens; ich erzeuge ihn auf dieselbe Weise, wie einen vollen Gußkörper in der Sandform, nur mit dem Unterschied, daß ich statt des Formsandes Holz, statt des hineingegossenen Metalls hineingestopften, festgestampften Kernsand treten lasse. Ein Kernkasten ist, volkstümlich ausgedrückt, nichts anderes als die bekannten zweiteiligen Kuchenformen. In unserem gewählten Falle müßte ich also aus zwei Holzblöcken je eine hohle Halbkugel herausdrechseln, beide Blöcke mit der bereits bekannten Verdübelung aufeinanderpassen, so daß die beiden größten Kreise sich genau decken und mir zu dieser in den Kasten eingeschlossenen Hohlkugel durch Bohrung eines Loches den Weg von außen bahnen. Nunmehr kann ich beide Hälften mit einer Klammer oder Schraubzwinge zusammenhalten und die Hohlkugel mit „Masse" erfüllen. Sand würde beim Einlegen des Kerns in die Form oder schon beim Transport zerbröckeln. Durch das Zugangsloch hindurch wird die Füllung festgestampft (die Kernkästen müssen deshalb äußerst dickwandig sein) und nach Auseinanderklappen der beiden Hälften (wie Schalen einer Walnuß) der Kern herausgenommen und im Ofen gebrannt. Er ist nun ziemlich fest und kann in die Form eingelegt werden.

Kernstützen. Jetzt taucht eine neue Schwierigkeit auf. Der Kern soll rings von Eisen umspült werden, darf also die Wand der Form nirgends berühren; und obendrein soll der Hohlraum zwischen Kern und Wand überall gleich weit sein. Wir könnten uns durch „Kernstützen" helfen. Diese bestehen aus zwei kleinen viereckigen Stützblechen, die, durch zwei Distanzbolzen verbunden, ihren Abstand denjenigen Teilen mitteilen, zwischen die sie geschoben sind. Sie schmelzen mit ins Eisen hinein. Wir könnten also rings die Kernkugel durch Kernstützen gegen die Hohlkugelwandung absteifen und so in der Schwebe halten.

Kernlöcher. Eine neue Schwierigkeit tritt jedoch auf. Gösse ich nun, so erhielt ich eine Hohlkugel aus Eisen, aus der der Sandkern nicht zu entfernen wäre. Wir sehen, daß es untunlich ist, einen allseitig geschlossenen Hohlkörper zu gießen. Für das Ausräumen des Gußkerns müssen von vornherein Löcher gelassen werden, die so wichtigen **Kernlöcher**, die mit Vorliebe vom Neuling im Konstruktionsbüro vergessen werden und ihm dem Gießereileiter gegenüber die Blöße ungenügender werkstattmäßiger Erfahrung geben. Das sollte in der Tat keinem Ingenieur zustoßen, der sich in der Gießerei auskennt. Muß der Hohlraum unbedingt geschlossen werden (Kühlmäntel, Heizmäntel, doppelwandige Deckel u. ä.), so müssen die Kernlöcher nachträglich mit Gewinde versehen und durch einen Stopfen verschraubt werden. Andernfalls läßt man sie einfach offen.

Was bedeutet nun dieses Kernloch für den Kern? Es zeigt sich am Kern als Positiv, d. h. der Kern bekommt einen runden (weil leicht auf der Drechselbank herzustellenden) Fortsatz oder Zapfen, den wir gleich zwiefach verwenden könnten. Im **Kernkasten** ist das ein Hohlzylinder, ein Kanalansatz: wir können ihn als Zugangskanal für das Einfüllen und Stampfen ausnutzen. In der **Form** muß der Ansatz den ganzen Hohlraum durchsetzen, damit wirklich ein Loch in der Eisenwandung entsteht. Bringen wir an zwei gegenüberliegenden Stellen der Kernkugel je so einen Zapfen an, so bekommen wir einmal ein bequemes „Ausputzen" der gegossenen Hohlkugel vom Sand, der innen darin steckt, weil wir mit dem „Putzhaken" durch und durch fahren können; dann aber vor allem stützt sich nun der Kern durch die beiden Ansätze von selbst in der Hohlform ab, so daß wir die umständlichen Kernstützen entbehren können.

Kernmarken. Um dem Kern eine gesicherte Lage in der Form zu verleihen, geht man endlich noch einen letzten Schritt weiter: man macht die Ansätze am Kern länger, als die Wanddicke der zu gießenden Hohlkugel beträgt, und sieht in der Hohlform von vornherein zwei zylindrische Löcher vor, die den gleichen Durchmesser haben wie der Kern und in denen dieser, beiderseits hineingesteckt, sicher ruht. Zu diesem Zweck werden gleich an der Modellkugel zwei solche Zapfen angebracht, die sich dann in der Form selbsttätig mit abformen. Man nennt sie „Kernmarken“, und sie werden von dem übrigen Modell durch besonderen Anstrich (meist schwarz) als solche hervorgehoben. Jemand, der mit dem Formen und Gießen nicht vertraut ist, kann unmöglich in der Modelltischlerei ahnen, welchem Zweck diese „überflüssigen“ Anhängsel dienen, und wieso es kommt, daß das fertige Gußstück sie nicht aufweist.

Arbeitsleisten, Augen. Bei dieser Gelegenheit sei auch noch eine Erklärung gegeben für die sog. „Arbeitsleisten“. Sie bestehen aus viereckigen Plättchen oder runden „Augen“, die auf den glatten Modellkörper aufgesetzt werden. Es geschieht an allen den Stellen, die später glattes Wider-

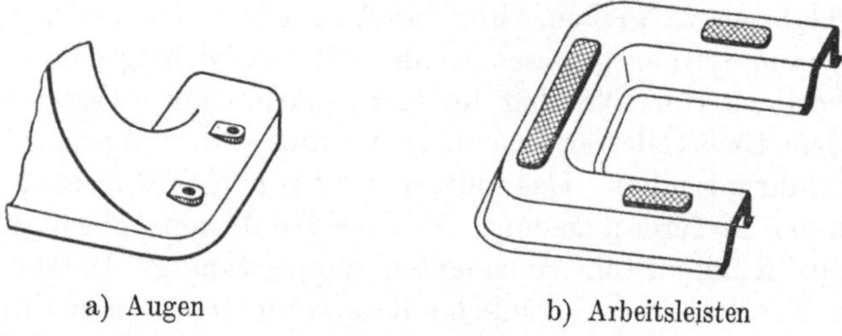

a) Augen   b) Arbeitsleisten

lager bilden sollen und deshalb bearbeitet werden müssen, ohne daß die Werkstoffdicke des Gußstückes geschwächt werden soll. Auch muß das glattschneidende Werkzeug (Hobelstahl, Fräser, Senker usw.) allseitig freien „Auslauf“ haben, so daß eine Erhabenheit der Arbeitsfläche über die Nachbarteile erforderlich wird. Ist dagegen eine gleichmäßige Bearbeitung der ganzen Oberfläche des Gußstückes in Aussicht genommen, so wird dies durch einen Zuschlag von 1 bis 3 mm zum angegebenen Maß berücksichtigt.

Hiermit hätten wir alle kennzeichnenden Begriffe der Durchschnittsformerei aufgezählt. Daß und wie sich mit den erläuterten Kniffen die verwickeltsten Aufgaben durch richtige Zusammenwirkung lösen lassen, lehrt der Augenschein der Werkstatt. Dem eingehenden und gerade in der Gießerei und Tischlerei so besonders wichtigen Beobachten müssen alle, weiteren Einzelheiten überlassen werden. Nichts fördert und entwickelt das dem Ingenieur unentbehrliche Raumanschauungsvermögen so sehr wie das Nachdenken über die Modelle und Formen. In keiner Werkstätte lernt der junge Ingenieur so viele unmittelbar verwertbare Kenntnisse für das Konstruieren.

Schablonen. Auf eine besondere Art des Formens muß hier noch hingewiesen werden: das Formen mit Schablonen. Die große Vorliebe der Ingenieure für runde Formen, für Rotationskörper, beruht nicht auf ihrem Geschmack oder auf Herkommen, sondern in der außerordentlichen Bequemlichkeit und Billigkeit ihrer Erzeugung und Bearbeitung. Auch für die Herstellung eines Modells ist es von Wert, wenn es als Drehkörper entworfen ist und auf der Drechselbank rasch und leicht herzustellen ist. Unendlich augenfälliger aber ist die große Ersparnis durch Entwurf von Rotationskörpern dort, wo sie geradezu ein Modell ersparen. Es ist klar, daß man eine Rotationshohlform dadurch erzeugen kann, daß man auf geglättetem Grunde eine senkrechte Achse errichtet und diese als Drehmittelachse des Rotationsprofils benutzt. Das Verfahren kann für Kern- wie für Formherstellung dienen. Es wird in der Lehmformerei fast ausschließlich, in der Masseformerei häufig, in der Sandformerei wegen der Lockerkeit des Magersandes seltener angewendet. Genauere Belehrung liefert der Augenschein. Hier soll nur eine Andeutung gegeben werden, wozu die hölzernen Bretter mit ausgesägten Profilen, „die Schablonen", die in der Tischlerei gefertigt werden, bestimmt sind.

Formmaschinen. Der Praktikant sieht bald ein, daß die Formerei sich in einer Beziehung den neueren Fabrikationsgrundsätzen gegenüber spröde zeigt: nämlich in der Unentbehrlichkeit der handwerksmäßig geübten Handarbeit. Trotzdem macht auch hier die Einführung der Formmaschinen stete Fortschritte. Im Wesen der Formerei mit ihrem unendlich abwechslungsreichen Formenschatz liegt es jedoch begründet, daß hier die immer einseitige, anpassungsunfähige Formmaschine niemals ganz die Handarbeit verdrängen wird. Gerade um dieser Unterschiede willen ist jedoch die Formerei mit der Maschine und die Bedingungen, die für ihre Verwendung bei dem Entwurf der Gußkörper durch den Ingenieur berücksichtigt werden müssen, der eingehendsten Beachtung wert. Wir möchten diese Betrachtungen, die schon etwas technisches Verständnis voraussetzen, insbesondere solchen Praktikanten empfehlen, die nach Erledigung einiger Studienhalbjahre einen zweiten Blick in die Werkstatt tun.

Zur Übersicht sei nur hervorgehoben, daß man unterscheidet: Hilfsformmaschinen (Zahnradformmaschinen), die mit Modellteilen Teile der Form ohne vollständiges Modell herstellen können. Zu ihrer Bedienung gehört ein gelernter Former. Ihre Anwendung setzt voraus, daß an der herzustellenden Form ein Profil ständig wiederkehrt (Zähne am Zahnrad). Ihr Hauptvorteil beruht im genau senkrechten Aufheben·des Modellteiles. Die Kastenformmaschinen ersetzen am weitestgehenden die Handarbeit. Häufig trifft man die Einrichtung so, daß der frische Sand, unmittelbar am Modell, von Hand gestampft und dann der Kasten mit altem Sand maschinell gefüllt wird (durch Pressen, Stampfen, Rütteln oder Schleudern).

Schmelzöfen. Nachdem wir so einen kurzen Überblick über die Herstellung der Formen gewonnen haben, wenden wir uns der zweiten Vorbereitung des eigentlichen Gusses zu: dem Einschmelzen.

Das Einschmelzen geschieht in den Gelbgießereien (Messingguß) noch heute in dem ursprünglichen Schmelzgefäß, dem Tiegel, der sich nur zum Tiegelofen entwickelt hat. In der Eisengießerei dient dazu der sogenannte Kupolofen. Diese Öfen lernt man besser durch Anschauung als durch ein Buch kennen. Der Kupolofen ist in allen wesentlichen Teilen eine Nachbildung des Hochofens in kleinerem Maßstabe. Zum Unterschied vom Hochofen, der ununterbrochen betrieben wird, pflegt das Einsetzen in den Kupolofen täglich neu zu erfolgen. Über die Beschickung eines Kupolofens verschaffe sich der Leser aus eigener Erfahrung Kenntnis, indem er den Gießereibetriebsingenieur bittet, ihn ein paarmal auf der Beschickbühne an der Arbeit teilnehmen zu lassen.

Das Gießen. Wir können nach dem Formen und dem Schmelzen des Metalles zum eigentlichen Guß schreiten.

Die vier Hauptpunkte, die beim Guß Berücksichtigung erfordern, sind: 1. die Schwere des flüssigen Eisens, 2. seine Zähflüssigkeit, 3. seine Gasabsonderung beim Erkalten, 4. das sogenannte „Schwinden".

Auftrieb. Die Schwere des Gußgutes ist eine unabänderliche Tatsache. Sie verhindert, daß man das Eisen einfach in die Form von oben hineingießen kann: damit die leichte Form nicht durch den Aufprall des eingegossenen Eisens zerstört wird, beschwert man sie durch aufgelegte Gewichte. Oft führt man das Eisen auf Umwegen von unten her in die Form: durch einen seitlich angebrachten senkrechten Kanal gelangt es in eine kleine Erweiterung, die besonders fest gestampft ist und die den Aufprall aufnimmt. Nunmehr fließt es ruhig durch einen waagrechten Kanal, den „Anstich", der Form möglichst am untersten Punkte zu. Immerhin steigt es nach dem Gesetz der kommunizierenden Röhren mit beträchtlichem Druck nach oben. Alle Kerne und Vorsprünge müssen daher sorgfältig gelagert und versteift sein, um dem Auftrieb des Eisens zu widerstehen. Der Deckel der Form wird mit Gewichten beschwert, um sein seitliches Austreten in der Teilfuge zu hindern. Sind Kanten oder Kerne ungenügend befestigt, so schwimmen sie oben auf dem Eisen weg, setzen sich an der höchsten Stelle fest und ergeben „Ausschuß", unbrauchbaren Guß.

Zähflüssigkeit. Weniger Veranlassung zu Ausschuß gibt die zweite unangenehme Eigenschaft des Gußeisens: die Zähflüssigkeit. Erstens hat man es in der Gießerei in bestimmten Grenzen in der Hand, das Eisen leichtflüssiger zu machen: einmal durch Erhöhung der Temperatur. Je weiter ein Körper über seinen Schmelzpunkt erhitzt wird, desto leichtflüssiger wird er. Dieses Mittel ist aber in der Gießerei ein zweischneidiges Schwert. Abgesehen von dem Mehraufwand an Brennstoff, den es bedingt, bringt es auch stärkere Gasabsorption, stärkeres Schwinden beim Erkalten mit sich — zwei Übelstände, die mit allen Mitteln bekämpft werden müssen. Das zweite Mittel ist chemischer Natur und kommt in der Gattierung zum Ausdruck. Phosphorbeimengung macht das Eisen dünnflüssig, leider auch spröde.

Zweitens hat bereits der Konstrukteur dafür zu sorgen, daß die Zähflüssigkeit des Gußeisens nicht schädlich wird, indem er alle Formen mit weichen, allmählichen Übergängen entwirft und für die notwendigen Kanten Abrundungen vorschreibt. Der Modellschreiner hat ihn hierbei zu unterstützen. So wird die Zähflüssigkeit des Eisens im allgemeinen ein unschädliches Übel.

Gasabsonderung. Wir kommen jetzt zu den beiden lästigsten und oft genug geradezu verhängnisvollen Eigenschaften des Gußeisens: der Gasabsonderung und dem Schwinden. Entstehen durch sie sichtbare Fehler, so ist das Stück Ausschuß. Entstehen aber unsichtbare, so ist es noch das kleinere Übel, wenn bei der letzten Bearbeitung in den mechanischen Werkstätten die Löcher und Risse zum Vorschein kommen und das oft mit großen Kosten bearbeitete Stück weggeworfen werden muß, soweit man nicht die Löcher durch Schweißen ausfüllen kann; — das kleinere Übel trotz des Ärgers der dadurch häufig verursachten verspäteten Lieferung. Viel gefährlicher ist es, wenn das innerlich kranke Stück im Betrieb bricht.

Schnell und langsam Abkühlen. In die kalte Form fließt das glühende Eisen. An den Wänden kühlt es sich sofort ab und wird fest — zumal wenn diese feucht sind, also durch Verdampfen des Wassers dem Eisen die Wärme kräftig entziehen. Die Bildung einer festen Kruste verhindert das Ausströmen des Gases. Die Gefahr, daß es drinnen bleibt und das Eisen schwammig macht, ja geradezu Höhlen bildet, ist also sehr groß.

Freilich ist das Entstehen der Kruste häufig an sich nicht unerwünscht. Diese sogenannte „Gußhaut" gibt eine harte Oberfläche, weil bei dem plötzlichen Abschrecken der Kohlenstoff nicht Zeit findet, sich graphitisch auszuscheiden. Häufig begünstigt man deshalb geradezu die Wärmeabfuhr durch teilweise oder ganz eiserne Formen, sogenannte Kokillen[1]. Es muß daher mit der sofortigen Entstehung der

---

[1] Die Sandformen heißen, weil nur einmal verwendbar, „verlorene Formen". Für Grauguß wendet man selten Dauerformen (Kokillen) an, einmal wegen der meist unerwünschten Härte der Gußhaut und dann wegen der Beschränkung auf einfachere Formgebung.

Gußhaut gerechnet werden, selbst wenn man sie durchschnittlich vermeiden könnte: nämlich durch getrocknete Formen. Glücklicherweise ist die immerhin noch glühende Gußhaut fähig, den Gasen den Durchtritt zu gewähren. So sieht man denn noch geraume Zeit nach dem Guß aus den mit dem Luftspieß gestochenen Kanälen rings die Flämmchen der brennbaren, weil wasserstoffreichen Gasabsonderungen herauszüngeln. Immerhin ist besonders bei großen Stücken Sorge zu tragen, daß die Gasbläschen an eine flüssige Oberfläche gelangen. Dies geschieht durch den „verlorenen Kopf“, einen möglichst dicken Fortsatz, der vom höchsten Punkt des Modells nach oben führt und möglichst lange in flüssigem Zustand erhalten wird. Dieser Fortsatz wird beim Putzen abgeschlagen.

Schwinden. Leider findet die Gasabsonderung einen Bundesgenossen im „Schwinden“ des Materials. Gußeisen dehnt sich, wie fast alle Körper, bei Erwärmung aus. Beim Erkalten zieht es sich daher zusammen, es „schwindet“. Man kann den Vorgang in zwei wichtige Stufen teilen: das Schwinden im teilweise flüssigen Zustand und das Schwinden im festen Zustand.

Das Schwinden im teilweise flüssigen Zustand ist mit bloßem Auge deutlich wahrnehmbar: die Ränder der im Anguß oder im sogenannten „Steiger“ befindlichen Eisenmenge erstarren sogleich nach dem Guß. Die flüssig bleibende Mitte sinkt dagegen mit dem „Zusammensacken“ des Forminhaltes herab, so daß die kennzeichnende trichterförmige Oberfläche sich zeigt. Diesem Schwinden in flüssigem Zustande kann und muß man zu begegnen suchen, indem man einige Zeit nach dem Guß flüssiges Eisen nachfüllt. Bei großen und verwickelten Gußstücken dauert solches Nachfüllen oft stundenlang und wird von ständigem „Pumpen“ begleitet: um sicher zu sein, daß die Ergänzungsflüssigkeit zu den Stellen dringt, die ihrer am nötigsten bedürfen, stochert man mit Stäben in alle senkrechten Kanäle: Steiger, Eingüsse, verlorene Köpfe.

Das Material bedarf dieser Nachhilfe. Die Wärmeaufnahmefähigkeit des Formstoffes ist ja begrenzt. Nun wird an den hohlen Ecken und Kanten dem Formstoff mehr Wärme angeboten als auf den glatten Flächen, denn das Gußeisen bestürmt dort den Formsand von zwei oder drei Seiten aus gleichzeitig. Die Wärmeabfuhr ist dort ungenügend, das Material ist dort noch flüssig, während es auf den Flächen bereits erstarrte. Sackt sich nun das flüssige Innere, so wird das flüssige Gußeisen aus den hohlen Kanten weggesogen. Die Kante bekommt ein Loch, das Stück wird Ausschuß, wenn nicht durch den Druck des „Pumpens“ neues Gußeisen hineingedrückt wird.

So kann man bewirken, daß die Löcher (die natürlich durch Anfüllen mit Gas zum Schwellen neigen) wenigstens nur in die Angüsse kommen, wo sie unschädlich sind. Als Konstruktionsregel für später möge sich der Praktikant gleich merken, daß man keine Gelegenheit versäumen soll, die beim Gießen zu oberst liegenden Teile der Gußstücke so zu gestalten, daß wenigstens die Festigkeit nicht gefährdet wird, wenn sie blasig werden.

Das Schwinden, das sich nun im festen Zustande fortsetzt, ist der werkstattechnisch am schwersten zu bekämpfende Feind gesunden Gusses. Über den ganzen Körper hin gleichmäßiges räumliches Schwinden wird ohne weiteres berücksichtigt. Die Modelltischler benutzen keine gewöhnlichen Maßstäbe, sondern „Schwindmaßstäbe“, die entsprechend dem Schwindmaß (bei Gußeisen 1%, bei Stahlguß 2%, bei Bronze 0,75 bis 1,5% und bei Leichtmetallen 1 bis 1,5%) länger sind.

Damit ist es aber leider nicht getan. Tatsache ist, daß eine völlig gleichmäßige Abkühlung wegen der unvermeidlichen Hohlkehlen unmöglich ist. Infolgedessen werden einzelne Teile sich zusammenziehen wollen, während andere ihnen nicht zu folgen vermögen. Es entsteht genau dasselbe wie bei der einseitigen Erwärmung eines Stückes Karton. Die erwärmte Schicht dehnt sich, die kalte folgt nicht mit; es entstehen innere Spannungen zwischen den Molekülen, die darin zum Ausdruck kommen, daß sich das Stück stark wölbt, „es zieht sich“ oder „es wirft sich“. Auch Gußeisen wirft sich, doch selten wahrnehmbar. Aber die Spannungen sind da und keine geringen. Mitunter sind sie so groß, daß sie die Festigkeit des Gußeisens übersteigen; dann zerspringt das Gußstück mit lautem Knall, oft noch in der Form. Meist sind sie geringer und unerheblich. Es kann auch der verhängnisvolle Fall eintreten, daß die „Gußspannung“ nahe an die Grenze der Festigkeit herankommt. Dann springt der Körper nicht von selbst — aber bei der ersten namhaften Betriebsbeanspruchung.

Das einzige, was der Konstrukteur zu tun vermag, ist die peinlichste Beobachtung folgender Regeln:

1. Alle Hohlkehlen mit großem Radius abrunden.

2. Gleichmäßige Werkstoffdicke über das ganze Stück hin beibehalten oder wenigstens beim Zusammentreffen verschiedener Querschnitte gute Übergänge vorsehen.

3. Ausgesprochene Werkstoffanhäufungen unbedingt vermeiden.

So ist einigermaßen die Gewähr für gleichmäßig schnelle Abkühlung, für „spannungsfreien Guß“ gegeben.

Die Werkstatt kann in Fällen, wo dem Konstrukteur in dieser Richtung die Hände gebunden sind, ihn wirksam unterstützen, indem die dicken, wärmeaufspeichernden Teile gleich nach eingetretenem Erstarren von Sand befreit werden. Der kühlende Einfluß der bewegten Luft läßt sie dann etwa gleich schnell sich abkühlen, wie die im Sand geborgenen dünnen Teile.

Im vorstehenden wurde versucht, Hauptgesichtspunkte zu geben. In das technische Gefühl und vollkommene geistige Eigentum den überreichen Anschauungsstoff der Modelltischlerei und Gießerei zu übermitteln, das vermag die Buchform überhaupt nicht, dazu bedarf es aufmerksamen, verständnisvollen Schauens und eigenen Handanlegens.

Guß-Putzerei. Die Gußstücke werden nach dem Erkalten von Steiger, Einguß und Kern befreit. Dies geschieht in der Gußputzerei entweder durch Abschlagen oder bei großen Stücken mit Metallbandsägen. Der anhaftende Formsand, der die Schneidwerkzeuge rasch stumpf machen würde, wird mit Drahtbürsten, im Sandstrahlgebläse oder mit Dampfstrahl entfernt. Ein Aufenthalt in der Putzerei ist für den Praktikanten sehr empfehlenswert. Er lerne dort auch aus eigener Erfahrung die Staubentwicklung und die Mittel kennen, die Lungen gegen ihre großen Gefahren zu schützen (Staubabsaugung, Staubmasken).

Die größere oder geringere Schwierigkeit und dem Zeitaufwand proportionale Kostspieligkeit des Entfernens der Sandkerne aus dem Gußstück ergibt manche Lehre für zweckmäßige Konstruktion der Kerne und vor allem Kernlöcher. Besonders von Vorteil ist die Anwesenheit beim Aussondern des Ausschusses. Wie wir an den Fehlern stets am meisten lernen, so auch hier. Vor allem übt sich das Auge, die feinen, oft kaum wahrnehmbaren Zeichen kranken Gusses aufzufinden, eine Fertigkeit, die auch dem außerhalb des Betriebes stehenden Ingenieur vonnöten ist.

Im Anschluß an den zusammenhängenden Text dieses und der folgenden Kapitel wird je eine Anzahl Hinweise, meist in Frageform, gegeben werden, die den Praktikanten bei seiner Werkstattätigkeit auf einige Hauptpunkte aufmerksam machen wollen, die für gewöhnlich leicht übersehen werden oder besondere Beachtung vor allem verdienen. Besonders gegen den Schluß der jeweils in einer Werkstätte verbrachten Arbeitszeit wird dieser Kreis von Fragen als eine Art Maßstab empfohlen, an dem der Leser selbst zu beurteilen vermag, wie weit er den Wahrnehmungsstoff nunmehr beherrscht.

Beobachtungswinke

a) **Modelltischlerei.** Bei jedem fertig daliegenden Modell frage man sich oder den, der es herstellt: Aus welchen Einzelteilen ist es zusammengesetzt? Welche Maße braucht man zu der Herstellung? Wie entstand es?

Welche Maße sind insbesondere zu geben, um die Lage des Kerns zur Form eindeutig zu bestimmen?

Bedeutung des häufig losen Zusammenhangs zwischen Augen, Nasen, Flanschen, Arbeitsleisten mit dem übrigen Modell?

Wie wird eine beliebig gekrümmte Fläche in Holz oder anderem Modellmaterial erzeugt (Turbinenschaufeln, Zahnflanken, Propellerschrauben)?

Wie werden Hohlkehlenabrundungen und wie solche erhabener Kanten erzeugt, und welches Maß ist dafür anzugeben?

Wozu dienen die folgenden Werkzeuge:

Feilkloben	Rauhbank	Schränkeisen	Ziehmesser (Gerad-
Stechbeitel	Raspel	Fuchsschwanz	eisen und
Nutenhobel	Krauskopf	Quersäge	Krummeisen)
Falzhobel	Zentrumsbohrer	Rückensäge	Kugeltaster
Simshobel	Schneckenbohrer	Stichsäge	Streichmaß
Profil- oder	Löffelbohrer	Bogensäge	Anschlagwinkel
Fassonhobel	Drillbohrer	Hohleisen	Schmiege

b) Gießerei. Welche Mittel stehen (außer den im Text erwähnten) der Formerei zur Verfügung, um trotz ungleichmäßiger Materialverteilung im Gußstück einigermaßen spannungsfreien Guß zu erzielen (Schreckplatten)?

Welcher Mittel bedient sich der Kernmacher zur Versteifung des Kerns?

Man versuche ein Urteil zu gewinnen, bis zu wie geringem Querschnitt im allgemeinen ein Kern konstruiert werden darf, um Wegschwimmen zu verhindern und seine Entfernung beim Putzen noch zu ermöglichen.

Welche Mittel hat der Putzer, um die ausgeleerte Höhlung auf etwaige Formsandreste zu prüfen?

Welche Mittel stehen dem Former zur Verfügung, um bei dicht überdeckten Kernen den Zwischenraum zwischen Kern und Form auf durchgehende Gleichmäßigkeit und Vorschriftsmäßigkeit zu prüfen? Und besonders bei gekrümmten Wandungen?

Welche Mittel stehen für Untersuchung eines äußerlich tadellosen Stückes auf etwaige Risse oder blasige Stellen zur Verfügung?

Wie ist der Formsand in der betreffenden Fabrik zusammengesetzt?

Abschätzung des Gewichtes und Belehrung über die Lohnkosten besonders großer Gußstücke?

Welche Regeln gelten für die Temperatur des Eisens beim Gießen?

Woran erkennt der Former, daß sein Eisen die rechte Temperatur zum Eingießen hat?

Woran erkennt der Kernmacher, daß der im Ofen trocknende Kern „gar" ist?

11. Schmiede

Verwendung geschmiedeter Stücke. Die Schmiedetechnik hat durch Ausbildung des Gesenkschmiedens und der Stauchmaschinen in den letzten Jahren sehr beachtliche Fortschritte gemacht. Ferner bietet das geschmiedete Stück infolge der Durchknetung und der an sich größeren Zähigkeit des Stahls für viele Zwecke so erhebliche Vorteile, daß die Schmiede stets ein wichtiger Teil der Maschinenfabrik neben der Gießerei bleiben wird.

Der Schmiedebetrieb hat sich mehr und mehr vom Hand- auf den Maschinenbetrieb umgestellt. Es ist daher ganz besonders wichtig, daß sich der Praktikant in der Schmiede über die Gesichtspunkte klar wird, die der Konstrukteur berücksichtigen muß, um seine Anforderungen den maschinellen Hilfsmitteln der Schmiede anzupassen, damit gut und billig geschmiedet werden kann.

Freiformschmiede. Im folgenden sei zunächst die Rede von den mit der Hand bzw. in freier Formgebung unter dem mechanischen (Dampf-, Feder-, Luft- usw.) Hammer ausgeführten Schmiedearbeiten. Diese werden aus den angegebenen Gründen seltener, während das Pressen, Gesenk- und Maschinenschmieden an Anwendungsmöglichkeiten gewinnen.

Man läßt hauptsächlich solche Stücke von Hand schmieden, bei denen 1. allseitige Bearbeitung stattfindet, 2. einfachste Formgebung möglich ist, 3. die Stückzahl so gering ist, daß sich die Herstellung der kostspieligen Gesenke nicht lohnt. Solche Maschinenteile sind z. B. gewisse Wellen und Achsen an größeren, nur in wenigen Ausführungen gebauten Maschinen.

Statt ein Werkstück weitgehend vorzuschmieden, kann man es auch „aus dem Vollen" schruppen. Es kann billiger sein und schneller gehen, beispielsweise von einem Stück fertig vom Walzwerk bezogenen Rundstahls ringsherum 20 mm auf eine bestimmte Länge auf der Drehbank herunterzuschälen, als durch Ausschmieden (Strecken) den Durchmesser um zweimal 20 mm zu verkleinern. Diese Erwägungen richten sich natürlich nach den Preisen des Ausgangsmaterials (Stangen, Knüppel), der Kohlen und Löhne.

Bei der Berechnung, was billiger wird: ein Stück vorzuschmieden oder vorzuschruppen, ist der Hauptpunkt: die Zeit. Daher ist es eine wichtige Aufgabe des Praktikanten, in der Schmiede sich ein möglichst genaues Urteil darüber zu bilden, wie schnell geschmiedet wird, wieviel „Hitzen" gebraucht werden, um das Stück fertigzustellen usw.

Vor allem aber soll der künftige Konstrukteur sich das Gefühl dafür bilden, wie durch Benutzung der Abmessungen des Ausgangsmaterials, z. B. der handelsüblichen Querschnitte von Stabstahl, Vorarbeiten und Brennstoffaufwand in der Schmiede erspart werden können, und welche Mittel man anwendet, um die Ziele, die der Konstrukteur steckt, zu erreichen.

Gesenkschmieden. In höherem Maße als das Schmieden von Hand erlaubt das Schmieden im Gesenk oder mit der Stauchmaschine die Ausführung recht verwickelter Formen und ergibt mindestens so saubere Oberflächen wie der beste Guß. So stellt man im Automobilbau z. B. vorwiegend „gekröpfte" (d. h. mit mehrfachen Kurbelschleifen (Kröpfungen) verlaufende) Kurbelwellen im Gesenk her. Kettenglieder für verwickelt geformte Patentketten, Steuerhebel, die große Sicherheit bieten müssen, usw. werden im Gesenk fertig zum Gebrauch geschmiedet. Manche Teile brauchen nicht einmal in den Bohrungen nachgearbeitet zu werden.

Wichtig sind aber für die konstruktive Verwendung dieser Maschinenschmiedearbeit hauptsächlich zwei Gesichtspunkte: Erstens folgt aus der

Schwierigkeit, d. h. Kostspieligkeit der Gesenkherstellung, daß sie sich nur lohnt, wenn die im Gesenk geschmiedeten Teile in sehr großer Zahl hergestellt werden müssen, damit die Gesenkkosten sich auf möglichst viele Stücke verteilen. Zweitens — und das gilt insbesondere für die Stauchmaschinenarbeit — verbilligt sich die Arbeit sehr erheblich, wenn der Konstrukteur möglichst weitgehend die Maße benutzt, die das Ausgangsmaterial (Stangen, Knüppel) besitzt.

Auch in der allgemeinen Formgebung ist die genaue Kenntnis der Vorgänge beim Maschinenschmieden Vorbedingung für sachgemäßes Konstruieren. Alle Maßnahmen, die dem Ingenieur, will er werkstattgerecht, d. h. billig und gut entwerfen, in Fleisch und Blut übergegangen sein müssen, lernt der Praktikant in der Schmiede durch aufmerksames Schauen und Fragen. Es ist nicht nötig, sie hier im einzelnen zu beschreiben.

Mechanische Hämmer. Die Hämmer der Freiformschmiede sind mit Dampf- oder Riemenantrieb (Lufthämmer mit Kompressor) versehen. Für Gesenkschmiedearbeiten verwendet man Brettfallhämmer und bei großen Stücken hydraulische Pressen. Die Einrichtung aller dieser Maschinen lehrt später bei geschultem technischen Verständnis das Buch und der Unterricht schneller und ausgiebiger, als es jetzt die mühevollen ersten eigenen ·Forschungen vermögen.

Warmpressen. Eine Abart des Gesenkschmiedens ist das „Warmpressen" von Teilen aus Leichtmetallen, Messing und Bronze. Dazu werden Stücke des Metalls, die genau das Volumen des Fertigerzeugnisses haben, in Muffelöfen rotwarm gemacht, einzeln in die Stahlform gelegt und unter großem Druck gepreßt. So stellt man z. B. Flügelmuttern und ähnlich geformte Teile her.

Die Technik des Pressens ist heute zu hoher Vollendung gediehen: das Verfahren liefert meist völlig maßgenaue Stücke, verbessert den Rohstoff durch gründliches Durchkneten, erspart Werkstoff und ist ungemein leicht zu handhaben. Schwierigkeiten liegen auf dem Gebiet der Herstellung von Stempeln und Matrizen. Ihr gelte daher vor allem die Aufmerksamkeit des Praktikanten. Der großen Wärme der Preßstücke sollen sie ebenso standhalten wie trotz Härte an der Oberfläche doch einen zähen Kern besitzen, der die starken Stöße vertragen kann.

Kesselschmiede. In der Kesselschmiede tritt die Handarbeit noch weiter zurück. Sie beschränkt sich lediglich auf das Setzen von Nieten, Verstemmen mit dem Meißel, Ausschmieden eines Blechstoßes und das Umbördeln oder Einwalzen von Siede- oder Rauchrohren. Von Hand genietet wird nur dort, wo die Maschinennietung oder das Schweißen nach der örtlichen Lage der Verbindungsstelle durchaus nicht möglich ist. Hieraus folgt wieder, daß der Konstrukteur so zu konstruieren hat, daß solche Nieten möglichst wenig vorkommen. Voraussetzung hierfür ist das nur in der Werkstätte erlernbare Urteil, wieviel freien Raum die Anwendung der Nietmaschine erfordert.

Die Maschinennietung erfordert Preßluft oder Preßwasser als Kraftträger. Die Preßwassernietmaschinen haben den Nachteil, daß sie so gut wie unverrückbar an die Preßwasserzuführungsleitung gebunden sind, also das Werkstück zu ihnen gebracht werden muß, was sich bei schweren oder sperrigen Stücken häufig von selbst verbietet oder zu teuer wird. In dieser Beziehung ist ihnen die Preßluftnietung mit ihrer Energiezufuhr durch biegsame Schläuche überlegen, ohne dabei, sorgfältige Handhabung vorausgesetzt, minder gute Arbeit zu liefern.

Nieten. Die Wirksamkeit eines Nietes beruht nämlich darauf, daß der glühende Niet wegen der Wärmeausdehnung beträchtlich länger ist als der erkaltete. Wird nun der Nietkopf so lange gehämmert, bis er kalt und verhältnismäßig unnachgiebig geworden ist, so tritt folgendes ein: Der Schaft der Niete erkaltet allmählich und hat also das Bestreben, sich zusammenzuziehen, kürzer zu werden, d. h. die Nietköpfe einander zu nähern. Zwischen diesen liegen aber die zu verbindenden Bleche; sie können nicht näher zusammen. Die Folge ist, daß die beiden Nietköpfe die Bleche mit großer Gewalt zusammenpressen.

Nietmaschinen. Es ist hiernach klar, daß beim Nieten das Hauptgewicht darauf zu legen ist, daß der frischgebildete Niet so lange von der ihn bildenden Kraft unter Druck gehalten wird, bis beide Köpfe nicht mehr glühen, also nicht mehr nachgiebig sind. Diese Bedingung erfüllt die etwas schwerfällige, nach Einschaltung des Wasserdruckes nur langsam wieder lösbare Preßwassernietvorrichtung besonders gut. Die Hand- oder Preßluftnietung hat eine gleich gute Wirkung nur dann, wenn sie lange genug ausgeübt wird.

Zudem werden bei der Preßwassernietmaschine alle Kräfte im Bügel aufgefangen, während bei der (kleinen) Preßluftnietmaschine die Menschenkraft das Gegendrücken besorgen muß, eine den ganzen Körper durchschütternde Arbeit. Auch diese Unbequemlichkeit trägt dazu bei, daß der Nietende möglichst bald mit dem Nieten aufhört. Trotzdem erklärt sich die ausgedehnte Verwendung der Luftnietmaschinen aus ihrer außerordentlichen Handlichkeit.

Die Preßluft findet noch weitere ausgedehnte Anwendung in der Kesselschmiede, so im Preßluftmeißel zum Dichtstemmen der Nietköpfe und Nietnähte, ferner als Antrieb tragbarer Bohr- und Rohreinwalzmaschinen.

Blechanreißen. Von den Vorgängen, deren Beobachtung für den späteren Ingenieur hier besondere Bedeutung hat, seien folgende hervorgehoben: Besonders ist große Aufmerksamkeit dem „Anreißen" der Blechplatten zu schenken, d. h. den Mitteln, deren sich die Vorarbeiter oder Anreißer bedienen, um auf dem Blech die Marken festzulegen, nach denen es geschnitten, gebohrt, gestanzt, gefräst werden soll. Das zu wissen ist später beim Zeichnen von größtem Nutzen, da man dann ohne weiteres über die richtigen Maße im klaren ist, die man anzugeben hat und die von vornherein festgelegt sind. Auch die Reihenfolge, in der die Maße nacheinander auf dem Blech markiert werden, ist beachtenswert. Insbesondere präge man sich ein, auf welche Weise der Kesselschmied die in seiner Werkstatt besonders oft vorkommenden flachen Bögen (mit großem Radius) festlegt. Der Ausdruck „richtige" Maße bezieht sich übrigens nicht nur auf die in der Werkstatt anzureißenden, sondern auch auf die der Bestellung von Teilen zugrunde zu legenden, die von auswärts bezogen werden, wie gepreßte Kesselböden, Flammrohre usw.

Die Bohrmaschinen, insbesondere solche mit vielen gleichzeitig arbeitenden Bohrern, und deren gegenseitige Einstellung nach Maß, ebenso die Blechbiegewalzen und das Hervorbringen und Prüfen der beabsichtigten Krümmungen sollte der Praktikant genau beobachten oder danach fragen.

Rohrarbeiten. Eine ganz besondere Art Arbeiten, der meist wegen ihrer Unauffälligkeit viel zu wenig Aufmerksamkeit geschenkt wird, sind die Rohrarbeiten. Durch den Bau der Überhitzer hat dieser Zweig der Kesselschmiedarbeiten erhöhte Bedeutung erfahren. Das Biegen der Rohre und die Mittel, den kreisförmigen Querschnitt auch an der Biegestelle beizubehalten, ihre Befestigung in Wänden oder Flanschen durch Einwalzen oder Umbördeln muß dem in die Hochschule Eintretenden genau vertraut sein, will er nicht vor den alltäglichen Aufgaben ratlos dastehen und durch stundenlanges Bücherwälzen oder bloßstellende Fragen sich mühsam die Kenntnisse verschaffen, deren Aneignung ihn in der Werkstatt häufig nur ein paar Minuten des Zuschauens kostet.

Stehbolzen. Hierher gehören auch die Fragen, die mit der Anbringung der sogenannten „Stehbolzen" verknüpft sind, wie sie zur Versteifung der durch viele Löcher geschwächten großen Hochdruckflächen in Lokomotiv-, Wasserrohr- und Schiffskesseln gebraucht werden. Die Anfertigung der Stehbolzen, das Einziehen der Stehbolzen und ihre Vernietung, alles dies sei hier nur als Anreiz zu richtigem Schauen und Fragen erwähnt.

Zeit und Kosten. In weitestem Maße bietet die Kesselschmiede Gelegenheit, sich selbst über die Zeit zu belehren, die man zu den verschiedenen Arbeiten braucht, und demzufolge über das Kostenverhältnis, in dem sie zueinander stehen. Mit der Uhr kann man beobachten, wie lange die Fertigung einer Nietreihe von 100 Nieten, das Verstemmen eines Meters Nietnaht, das Bohren von 50 Löchern von bestimmtem Durchmesser und Lochlänge dauert. Nicht minder wertvoll ist die Beobachtung der Zeit, die für das Zurichten der Stücke zur Bearbeitung (Anreißen, passend Hinlegen usw.) gerechnet werden muß. Bei dieser Gelegenheit sei schließlich noch darauf hingewiesen, daß sich der Praktikant vollkommen klar darüber wird, welche Schwierigkeit der Zusammenbau eines Kessels, z. B. allein das Einbringen eines Bodens in einem Rundkessel, bedeutet. Auf die Zusammenbauschwierigkeiten wird im allgemeinen auch im Hochschulunterricht noch zu wenig Wert gelegt. Wenn es sich ermöglichen läßt, daß der Praktikant einmal eine Woche oder zwei dem Einbau eines neuzeitlichen Röhrenkessels am Verwendungsorte beiwohnen kann, sollte er nicht versäumen, die Betriebs- oder Werksleitung zu bitten, ihm diese Vergünstigung zu gewähren.

Stahlkonstruktionswerkstätten. Für den späteren Maschinenbauer von nicht so unmittelbarer Wichtigkeit, dennoch aber höchst belehrend ist die Tätigkeit in den Stahlkonstruktionswerkstätten, die das Zusammensetzen von gewalztem Stahl zu Gerüsten und Brücken vornehmen. Die Summe der hier auftretenden Verrichtungen ist trotz der Verschiedenheit des Zweckes von denen in der Kesselschmiede wenig verschieden, da es sich in beiden Werkstätten um die Verbindung durch Nieten handelt, wozu in den Stahlkonstruktionswerkstätten das Schweißen tritt[1]). Aus diesem Grunde und wegen des immerhin loseren Zusammenhanges dieser Werkstätte mit dem allgemeinen Maschinenbau soll darauf nicht näher eingegangen werden.

Beobachtungswinke

Man schätze grundsätzlich das Gewicht jedes Schmiedestückes und vergleiche den Schätzwert mit dem genauen.

Welche Nachteile hat das Stauchen?

Welche Biegeproben muß guter Stahl aushalten?

Wie groß ist der durchschnittliche Abbrand im Schmiedefeuer?

Wie zeigt sich „Verbrennen des Eisens" am erkalteten und warmen Stück?

Warum steht der Amboß der Dampfhämmer unter 45° zur Ebene des Ständers?

Womit werden die Gesenke nach jedem Schlag bestrichen?

Gibt es äußere Beurteilungsmerkmale für gute oder schlechte Nietung und Verstemmung?

Welche Gewähr ist bei tragbaren Bohrmaschinen für die Genauigkeit der Bohrung gegeben?

---

[1]) Vgl. Abschnitt 19. Verbinden und Trennen von Teilen.

Welche Vorteile und Nachteile hat a) das Stanzen und b) das Bohren der Nietlöcher?

Einnieten und Versteifen von Flammrohren?

Wie wird beim Biegen von Rohren überall der kreisförmige Querschnitt beibehalten?

Mit welcher Genauigkeit kann ein Rohr in mehreren Ebenen gebogen werden?

Inwieweit erlaubt die Wasserdruckprobe fertiger Kessel oder Kesselteile ein Urteil über ihre Dichtheit im Betrieb?

Welche Rücksichten müssen wegen der Beförderungsmöglichkeit im Entwurf und Aufbau von Stahlkonstruktionen genommen werden?

Wie schmiedet man in ein massives Stück ein Loch nach Fasson, und wann ist Bohren billiger?

Bei welcher Mindestglut muß das Schmieden eingestellt werden, und welche Nachteile erzeugt Schmieden bei zu niedriger Temperatur?

Welche Verrichtungen erfüllen die folgenden Werkzeuge:

Flachzange	Bankhorn	Flachhammer	Gesenkhammer
Rundzange	Stöckel	Kreuzfinnen-	Holzhammer
Drahtschneider	Spitzstöckel	hammer	Setzeisen
Beißzange	Umschlageisen	Kugelfinnen-	Warm- und Kalt-
Kneifzange	Bördeleisen	hammer	schrotmeißel
Nagelzange	Boden- oder	Schlichthammer	Löschspieß
Stock- oder	Kesselamboß	Ballhammer	Herdhaken
Bockschere	Polierplatte	Kugelhammer	Löschwedel
Tafelschere	Gesenkplatte	Treibhammer	Kreuzmeißel
Lochschere	Streckhammer	Pinnhammer	Handmeißel
Drahtschere	Kreuzschlag-	Schellhammer	Durchschlag (Hand-
Amboßhorn	hammer	Lochhammer	und Bank-)
Sperrhorn	Schlägel	Kesselstein-	Lochscheibe
Angel	Spitzhammer	hammer	Locheisen

12. Stanzen, Ziehen, Drücken

An anderer Stelle wurde bereits erwähnt, daß die Verwendung von Blech in der Maschinentechnik zunimmt und daß immer neue Wege beschritten werden, um Blech als wesentlichen Konstruktionsträger auszubilden. Das setzt eine weitgehende Untersuchung und Vervollkommnung aller Verfahren voraus, nach denen Bleche bearbeitet werden, so daß jeder Ingenieur zukünftig über deren Grundlage unterrichtet sein sollte.

Patrize und Matrize. Während bei der spanabhebenden Bearbeitung die Urkörper der Werkstücke meist von Stangen bzw. Rohren abgeschnitten werden, geht die Blechbearbeitung stets von den handelsüblichen Tafeln aus, aus denen nun Scheiben bestimmter Form geschnitten werden müssen. In der Massenanfertigung kommt hierfür nicht mehr die kleine Blechschere des Klempners in Frage, vielmehr werden die gewünschten Scheiben aus dem Gefüge der Blechtafel herausgepreßt oder, anders ausgedrückt, der Werkstoff wird entsprechend dem Umfang der Scheiben abgeschert. Hierzu dienen Pressen (mit Kurbel-, Exzenter- oder Friktionsantrieb), die Stanzen. Zum Stanzen einer bestimmten Blechform braucht man einen ringartigen Hohlkörper (Matrize oder Stempelplatte), dessen Loch der gewünschten Blechform gleicht, und einen Stempel (Patrize), der in die Matrize passen muß. Der in Führungen gleitende Stempel trifft auf das Blech, das auf der Stempelplatte liegt, und schert eine Scheibe von der Form des Matrizenloches heraus.

Für den Praktikanten ist von besonderer Wichtigkeit, wie die Stanzwerkzeuge (die „Schnitte") ausgebildet sind und das Blech am zweckmäßigsten der Maschine zugeführt wird. Einmal sind die Werkzeuge schwer herstellbar (schwieriges Härten, zäher Kern), sodann erfordert die Mannigfaltigkeit der Erzeugnisse oder der Typen oft ein großes Lager verschiedener Schnitte. Eine Beschränkung der Werkzeugzahl und einfache Gestalt bei Neuanfertigung eines Schnittes sparen daher Geld.

Vorschub mit Anschlägen. Bei freihändigem Zuführen der Blechtafel (oder des Streifens) würde häufig der Werkstoff zu viel oder zu wenig nach erfolgtem Hub vorgeschoben werden. Die Folge ist Ausschuß oder schlechte Ausnutzung des Werkstoffs. Daher findet man an den Pressen Anschläge, die die Größe des Vorschubs regeln, oder die Maschine greift sogar selbst den Blechstreifen und zieht ihn jedesmal um so viel vor, daß er so weit wie möglich ausgenutzt wird.

Hohe Blechausbeute. Durch aufmerksames Beobachten in der Stanzerei lassen sich für den Konstrukteur wichtige Erkenntnisse sammeln, wodurch erhebliche Ersparnisse zu erzielen sind. Bei vielen Stanzteilen der Feinmechanik (Hebeln, Bügeln und dgl.) kann man durch kleine Konstruktionsänderungen, die die Verwendung und Festigkeit nicht beeinträchtigen, sparen, indem der zwischen den einzelnen Hüben liegende Werkstoff besser ausgenutzt wird oder, anders ausgedrückt, auf die gleiche Fläche Blech eine größere Anzahl Stanzteile entfallen. Hierin das richtige Maß zu treffen, damit nicht ungünstige Stanzformen entstehen, ist nur möglich auf Grund reicher Erfahrung in der Werkstatt.

Ein anderes Beispiel wirtschaftlicher Stanzarbeit bietet sich im Elektromaschinenbau. Die geschichteten Bleche in den Generatoren und Motoren enthalten Nuten zur Aufnahme der Wicklungen. Am ganzen Umfang dieser Scheiben sitzen mehrere Dutzend Nutlöcher. Handelt es sich um geringe Stückzahlen, so stanzt man sie einzeln. Die Maschine schaltet nach dem Schnitt jedes Loches die Scheibe um den Nutabstand weiter (Hackschnitt).

Bei großen Mengen lohnt es sich jedoch, falls die Bleche nicht zu groß sind, alle Nuten auf einmal zu stanzen (Komplettschnitt).

Wie schon ausgeführt, hat der Konstrukteur beim Entwurf und der Betriebsleiter bei der Wahl des Werkzeuges darauf zu achten, daß die Abfälle nicht zuviel unausgenutzte Blechfläche enthalten. Die langen Streifen mit den vielen Löchern werden meist, wie die Drehspäne, gesammelt, zu Paketen gepreßt und an die Stahlwerke verkauft.

Werkstoffbeanspruchung beim Ziehen. Das Stanzen stellt im allgemeinen nur eine Vorarbeit dar, da man aus den dabei erzeugten Blechscheiben durch „Tiefziehen" Hohlkörper herstellen will. Vergleicht man aber das einfachste gezogene Gefäß (Schale oder Napf) mit der ebenen Scheibe, aus der es hervorgegangen ist, so erkennt man, wie stark der Werkstoff dabei „verformt" wird. Am Boden des Gefäßes ist das Blech gestreckt, am Rand dagegen stark gestaucht, denn einem schmalen Streifen aus der zylindrischen Wandung entspricht bei der Scheibe ein Kreisausschnitt. Dies erfordert hohe Dehnung und geringe Härte des Werkstoffes (Tiefziehbleche).

Ziehwerkzeuge. Für die Herstellung von Hohlkörpern auf Pressen dienen wieder Stempel und Stempelplatte. Im Gegensatz zum Stanzen, wo die Werkzeuge wegen des Abscherens scharf sind, haben sie beim Ziehen gut gerundete Kanten, damit das Blech bequem abgebogen und gezogen werden kann. Auch ist der Stempel um so viel kleiner als die Matrize, daß das Blech auf jeder Seite ohne allzugroße Reibung vorbei kann. Für verschiedene Blechdicken· ist ein und dasselbe Werkzeug daher nicht verwendbar. Um ein gutes Fließen des Werkstoffes über die „Ziehkante" zu ermöglichen, werden Stempel und Stempelplatte häufig geschmiert.

Faltenhalter. Das Ziehen in der beschriebenen einfachen Form ist indessen nur bei dicken Blechen möglich (freies Ziehen). In den meisten Fällen ist noch ein „Faltenhalter" erforderlich. Dessen Notwendigkeit sieht man ohne weiteres ein, wenn man versucht, ein Stück Papier in den Hohlraum zwischen Daumen und gekrümmten Finger zu ziehen. Das Papier legt sich in Falten. Ein Gefäß kann so nicht entstehen. Bei den Ziehpressen befindet sich daher rings um den Stempel, wie ein Mantel, der ringförmige Faltenhalter. Er setzt sich mit sanftem Druck (Feder) auf die Scheibe. Dann erst schlägt der Stempel herunter. Das Blech wird nun zwischen Faltenhalter und Stempelplatte durchgezogen, ohne daß Platz genug vorhanden wäre, Falten zu bilden.

Weiterschläge. Selten ist es möglich, den Blechscheiben mit einem Hub der Presse die gewünschte Gefäßform zu geben. Im allgemeinen sind mehrere Stufen erforderlich; man spricht dann von „Weiterschlägen" oder „Zügen". Ihre Zahl ist mitunter sehr groß, besonders bei tiefen Gefäßen;

bei dünnen langen Hülsen (Patronen) kommt man sogar auf zwei Dutzend Schläge. Durch das Ziehen verfeinert sich das Korn des Werkstoffes, der dadurch federhart wird, so daß bei weiterer Beanspruchung Risse entständen. Deshalb ist es je nach Form des zu ziehenden Gegenstandes und nach Qualität des verwendeten Bleches nötig, nach einem oder einigen Zügen das Blech durch Glühen wieder weich zu machen. Daraus ergibt sich, daß das Ziehen tiefer Hohlkörper, ganz abgesehen von den Werkzeugkosten, recht teuer ist. Aus dem Grunde werden heute vielfach Gefäße aus Mantel und Boden zusammengeschweißt.

Schutzeinrichtungen. Die Stanz- und Ziehpressen bergen große Gefahren für die Arbeiter, die sie bedienen. Um zu vermeiden, daß eine Hand unter den Stempel kommt, während die andere die Maschine auslösen könnte, sind zwei Griffe vorhanden, die gleichzeitig, also mit beiden Händen betätigt werden müssen. Vielfach sind auch für das Einlegen von Blechscheiben zum Ziehen lediglich Schlitze angebracht, die ein Dazwischenstecken der Finger unmöglich machen. Leider lassen sich derartige Schutzeinrichtungen bei großen Pressen häufig nur schwer anbringen.

Revolverpressen. Bei aufmerksamem Beobachten wird der Praktikant feststellen, daß oft in derselben Maschine gestanzt und gezogen wird. Während eine Scheibe gestanzt (und vielleicht gleichzeitig gelocht) wird, kommt daneben der Ziehstempel und bearbeitet die zuvor gestanzte Scheibe fertig. Soweit sich dies bei kleineren Werkstücken durchführen läßt, lohnt es sich trotz höherer Maschinenkosten, da das besondere Einlegen der gestanzten Scheiben in eine zweite Presse durch einen weiteren Arbeiter fortfällt.

Drücken. Eine andere Art, Hohlkörper aus Blech herzustellen, ist das Drücken. Man setzt hierfür eine runde Scheibe auf einer Art Drehbank (Drückbank) in Bewegung, indem man sie durch ein zentrales Loch im Futter festschraubt oder durch ihren Rand am Umfang des Futters festklemmt. Das Futter ist ein runder Hohlkörper, der das fertig gedrückte Stück entweder innen ausfüllen (Drücken über das Futter) oder es außen umgeben würde (Drücken in das Futter). Bei hoher Drehzahl der Scheibe drückt man nun mit einem einfachen Werkzeug, dem Drückstahl, gegen die Scheibe und gibt ihr durch allmählich tieferes Drücken die gewünschte Form.

Vor- und Nachteile. Es ist leicht ersichtlich, daß das Drücken wegen der einfachen, stets verwendbaren Werkzeuge billiger ist als das Ziehen, besonders bei geringen Stückzahlen, wo der hohe Preis des Ziehwerkzeuges noch mehr ins Gewicht fällt. Dagegen erfordert das Drücken bedeutend größeren Kraftaufwand und kann nur von geübten kräftigen Männern ausgeführt werden. Durch eine exzenterartige Drückvorrichtung ist es allerdings möglich, den Kraftaufwand bedeutend herabzusetzen und ungelernte Leute in kurzer Zeit anzulernen. Sehr vorteilhaft ist beim Drücken der Umstand, daß man den Gefäßen durch Umlegen der Blechkante gleich einen verstärkten Rand geben kann, was beim Ziehen nicht möglich ist.

Sofern die gezogenen oder gedrückten Teile maßgenauen Abschluß haben sollen, muß auf Abstechbänken noch etwa überschüssiger Werkstoff oder auf Pressen der Grat von ihnen entfernt werden.

IV. Werkstätten für spanabhebende Formung

13. Allgemeines über Werkzeugmaschinen

Es wäre wenig angebracht, den Versuch zu machen, in dem hier gewählten Rahmen auch nur ein annähernd erschöpfendes Bild der Vorgänge und der Maschinen in den mechanischen Werkstätten zu geben. Abgesehen davon, daß es nicht Zweck und Absicht dieser Zeilen ist, das Schauen zu ersetzen, würde hier die Beschreibung nur langweilen, noch dazu neben dem anregenden Vielerlei der Umgebung.

Mit den heutigen Werkzeugen und Arbeitsverfahren erstklassige Maschinen herzustellen, ist an sich kein Kunststück. Die Schwierigkeit liegt darin, sie billig und wettbewerbsfähig zu erzeugen, unbeschadet der höchsten Vollendung. Der Schlüssel liegt im Ausnutzen aller Möglichkeiten der Maschinenarbeit. Deshalb muß die an den Stücken vorzunehmende Arbeit von vornherein vom Konstrukteur für die Maschine zugeschnitten werden. Die vollkommensten Maschinen nutzen der Fabrik nichts, wenn sie nicht ausgenutzt werden. In der Anpassung der Zweckform des Maschinenteiles an die Arbeitseigentümlichkeit der Werkzeugmaschinen, die ihn herstellen, besteht in erheblichem Maße die Aufgabe des Ingenieurs. In zweckmäßiger Verteilung der Arbeit, so daß möglichst selten eine Maschine unbeschäftigt dasteht und jede Arbeit auf der Maschine ausgeführt wird, die sie am billigsten ausführt, darin liegt die Kunst des Betriebsleiters.

Voraussetzung für die geeignete Form der Maschinenteile ist somit die Kenntnis der Arbeitsweise der Maschinen. Sie allein genügt nicht. Es muß dem Konstrukteur in gleichem Maße wie dem Betriebsleiter auch in jedem einzelnen Fall die Entscheidung möglich sein, welche Maschinenart die betreffende Arbeit am billigsten leistet. Dieser Maschine muß er seinen Entwurf anpassen. Vor seinem geistigen Auge muß hierfür der gesamte Arbeitsvorgang stehen, wie ihn das Stück an jeder einzelnen Maschine durchmacht, und die Reihenfolge, in der die einzelnen Bearbeitungsabschnitte an einer oder mehreren Werkzeugmaschinen vor sich gehen.

Aufspannen. Der erste Vorgang an dem zu bearbeitenden Rohguß- oder Rohschmiedestück ist das „Aufspannen" auf der Spannplatte der Werkzeugmaschine. Das „Aufspannen" ist wesentlich abhängig von der Geschicklichkeit des Konstrukteurs. Da das Stück bei der Bearbeitung sehr erheblichen Kräften gegenüber völlig unbeweglich sein muß, so muß von vornherein Sorge getragen werden, daß es möglichst ausgedehnte Flächen besitzt, mit denen es auf der festen Spannplatte im Maschinenschraubstock oder im Spannfutter der Werkzeugmaschine ruhen kann. Auch muß es so widerstandsfähig in sich sein, daß es nicht Gefahr läuft, durch die Kraft der Befestigungsschrauben zerstört, dauernd oder vorübergehend verbogen zu werden. Denn auch eine vorübergehende Formänderung kann für genaue Arbeit verhängnisvoll werden: eine Fläche, die am eingespannten Stück z. B. genau eben war, wird uneben werden, falls Formänderungen beim Aufspannen hervorgerufen waren, die sich erst beim Lösen des Spannfutters oder der Klauen bemerkbar machen. Anderseits müssen die Hilfsmittel zum Spannen so benutzt werden, daß sie auch wirklich das Werkstück zuverlässig halten. Längliche, schmale oder dünne Stücke spannt man neuerdings recht oft elektromagnetisch: das Stück bleibt auf der Spannplatte, die den Pol eines Elektromagneten bildet, beim Einschalten des Stromes „kleben".

Vorrichtungen. Mit den einfachen Spannmitteln kommt man indes nicht immer aus. In solchen Fällen muß sich die Werkstatt helfen, wie es eben geht, solange es sich um die Anfertigung weniger Stücke handelt. Bei Massenfertigung macht es sich aber bezahlt, für schwierig aufzuspannende Stücke ein Sonderspannwerkzeug, eine „Vorrichtung", herzustellen, deren Entwurf dann ebenfalls genaueste Kenntnis der Bearbeitungsvorgänge erfordert und vielfach sogar erst nach eingehender Beratung mit dem betreffenden Arbeiter entsteht. Denn entschließt man sich einmal zu einer Sondervorrichtung, so will man sie auch zu möglichst vielen Erleichterungen und Beschleunigungen der Arbeiten gleichzeitig ausnutzen. In der Tat bieten Sondervorrichtungen zum Aufspannen so hohe Vorteile, daß man sie häufig auch für solche Stücke baut, die recht wohl in normaler Weise aufgespannt werden könnten.

Denn der Kernpunkt beim Aufspannen und Herrichten des Werkstückes zur Bearbeitung ist ja der, daß während der ganzen Zeit, die es beansprucht, die Maschine notgedrungen stillstehen muß. Jede Minute, die für Aufspannen verbraucht wird, ist verlorene Zeit, verlorenes Geld. Vielfach herrschen bei dem Anfänger völlig unklare Begriffe darüber, ein wie hoher Anteil der gesamten Bearbeitungsdauer auf das Aufspannen zu rechnen ist. Der Praktikant wird sehr gut tun, möglichst oft zu schätzen und dann bei geschickten Arbeitern zu verfolgen, wieviel Zeit für Aufspannen und Umspannen draufgeht und wieviel Zeit die eigentliche Maschinenarbeit beträgt. Derartige Feststellungen bilden allmählich das Urteil heraus und werden oft einen erschreckend hohen Anteil der „toten" Arbeitszeit ergeben. Erst bei dieser Erkenntnis wird es klar, wieviel sich durch Konstruieren auf leichtes Einspannen hin und erforderlichenfalls durch Herstellen von Sonderspannvorrichtungen ersparen läßt. Bei halbselbsttätigen Maschinen besteht ein Ausweg, die Spannzeiten zu verkürzen, darin, zwei oder mehr Spannwerkzeuge an einer Maschine derart schwenkbar anzuordnen, daß ein Werkstück befestigt wird, während das vorhergehende bearbeitet wird; die Zeit für das Schwenken ist sehr klein gegenüber der Zeit für das Spannen.

Häufig ersparen die Vorrichtungen auch das Anreißen. Sollen z. B. in ein immer wiederkehrendes Werkstück Löcher in bestimmtem Abstand gebohrt werden, so legt man die Werkstücke in eine passende Vorrichtung, deren Deckel gehärtete Buchsen enthält, in die der Bohrer eingeführt werden kann. Jedes Anreißen und Ankörnen der Löcher entfällt.

Berücksichtigt man, daß hierdurch Messungen erspart und Irrtümer ausgeschlossen sind, so wird man begreifen, einen wie hohen Wert die geschickte Anwendung zweckmäßiger Vorrichtungen für billige Erzeugung hat, und wird ihnen die gebührende eingehende Beachtung schenken. Denn die oft unscheinbaren Vorrichtungen bleiben sonst leicht unbeachtet.

Schnellarbeit. Wird mit den Überlegungen des sparsamsten Vorgehens schon bei den Vorbereitungen (Spannen) begonnen, wieviel mehr werden die Köpfe angestrengt, um die Maschinenarbeit selbst zu vereinfachen und zu verbilligen! Vor allem war man von je bedacht, so schnell wie möglich zu arbeiten. Aber die obere Grenze der Schnelligkeit ist bald erreicht. Sie liegt in unzulässiger Erwärmung von Arbeitsstück und Werkzeug. Durch Anwenden der Schnelldrehstähle, durch Erforschen der günstigsten Gestalt von Schneide und Werkzeug überhaupt sowie durch gute Instandhaltung sind immerhin gute Fortschritte gegenüber früher gemacht.

Die Erwärmung des Arbeitsstücks bringt die große Gefahr mit sich, daß es sich „wirft". Denn mit der Erwärmung ist naturnotwendig Dehnung verknüpft. Die starre Befestigung des Stücks auf der Spannplatte verhindert aber die Dehnung. Es bleibt dem Werkstück nichts anderes übrig, als sich zwischen den starren Befestigungspunkten irgendwie so zu krümmen, daß die krumme Linie gegen die gerade um so viel länger ist, wie die Temperaturdehnung beträgt. Die Folgen sind dieselben wie bei „verspanntem" Stück. Die am „verzogenen" Stück eben erzeugten Flächen zeigen sich als uneben, wenn das Stück aus der Einspannung gelöst und erkaltet ist. Bei der Genauigkeit, die in den heutigen Maschinenwerkstätten Durchschnitt ist, hat solche Ungenauigkeit sehr leicht „Ausschuß" zur Folge.

Kühlen und Schmieren. Aber es gibt ein Mittel abzuhelfen. Man kann ja durch einen Flüssigkeitsstrahl kühlen. Hierzu nimmt man, je nach dem zu bearbeitenden Werkstoff und dem Arbeitsverfahren, Schneidöle oder Bohröle. Dieses einfache Mittel wird daher an fast jeder Werkzeugmaschine zur Kühlung verwendet.

Das Kühlmittel hat noch einen anderen Zweck. Es „schmiert" die Schnittstelle. Die Schmierung hat allgemein bei den Maschinen den Zweck, den Verschleiß und die Wärmeentwicklung infolge Reibung trockner Oberflächen zu vermeiden. Das Schmiermittel tritt zwischen die beiden reibenden Stellen und verhindert so die unmittelbare Berührung von Metall mit Metall. Die Kühlflüssigkeit schafft die abgeschälten Spane fort und ist deshalb gerade bei Schnellarbeit von großer Wichtigkeit. Deshalb sind an modernen Hochleistungsmaschinen Pumpen angebracht, die die Kühlflüssigkeit in kräftigem Strahl der Schnittstelle zuführen. Das abgeflossene Kühlmittel sammelt sich in tiefgelegenen Behältern und wird von der Pumpe im Kreislauf wieder hochgefördert. So wird auch hier mit dem geringsten Verbrauch an Schmier- und Kühlmitteln die größtmögliche Wirkung angestrebt.

Schneidleistung. Kann man durch Kühlen die Grenze der gefährlichen Erhitzung sehr weit hinausschieben, so ist immerhin die Schneidleistung je Minute begrenzt. Der Werkzeugmaschinenbauer mißt sie durch die folgenden drei Größen: Die Schnittgeschwindigkeit, das ist die Strecke, um die sich die augenblickliche Schnittstelle nach einer Minute von der Schneide (in der Richtung des Schneidens) entfernt hat. Zweitens der Vorschub, d. h. der seitliche Abstand zweier benachbarter Schnittfurchen. Und drittens die Spantiefe, ein wohl ohne weiteres verständlicher Begriff. Schnittgeschwindigkeit (Länge) mal Vorschub (Breite) mal Spantiefe (Höhe) ergeben ohne weiteres den Körperinhalt der in der Minute abgeschälten Metallmenge. Mit einem Schnelldrehstahl erreicht man beispielsweise beim Drehen von Flußstahl (Festigkeit 50... 60 kg/mm^2):

$$\text{Schnittgeschwindigkeit } 25 \text{ m/min}$$
$$\text{Vorschub} \qquad\qquad\quad 1 \ \text{ mm}$$
$$\text{Spantiefe} \qquad\qquad\quad 10 \text{ mm}$$

Also in der Minute abgeschältes Stahlvolumen:

$$25\,000 \cdot 1 \cdot 10 = 250\,000 \text{ mm}^2 = 250 \text{ cm}^2$$

Dessen Gewicht:

$$250 \times \text{spez. Gewicht} = 250 \times 7,85 = 1960 \text{ g.}$$

Stündliche Schneidleistung:

$$1960 \times 60 = \text{rund } 118 \text{ kg Stahlspäne.}$$

Mit guten Schnellstählen sind Dauerleistungen von 450 kg Eisenspäne je Stunde erreicht worden. Obwohl Schnellstähle selbst bedeutend teurer als Gußstahl und nur durch sehr kräftige Schnelldrehbänke voll ausnutzbar sind, verbilligen sie doch wegen dieser außerordentlichen Leistungssteigerung die Bearbeitung.

Scharfes Werkzeug. Wesentlichen Einfluß auf die Schnelligkeit und Leichtigkeit des Schneidens hat die Verfassung, in der sich das Schneidzeug befindet. Die Güte der Arbeit leidet und der Stahl wird ganz anders abgenutzt, wenn er nicht in scharfem Zustand ist, selbst wenn der Arbeiter schnell mit ihm arbeiten kann. Es liegt daher sehr im Sinne sparsamen Werkstattbetriebs, wenn man auch hier die Arbeitsteilung verfeinert, indem man dem Maschinenarbeiter die Fürsorge für das richtige Schleifen, Härten und Einstellen der Schneidwerkzeuge möglichst abnimmt. So hat sich immer mehr eine besondere Abteilung der Werkzeugmacherei eingebürgert, in der von eingearbeiteten Leuten mit genau arbeitenden Schleifmaschinen die Werkzeuge geschliffen werden. Durch planmäßige, wissenschaftliche Untersuchung hat man für die meisten vorkommenden Fälle die günstigsten „Schneidwinkel" erforscht. Die Winkel, die die Flächen des Werkzeugs untereinander und mit Schaft und Vorschubrichtung bilden, sind nämlich so wichtig für vollkommenes Schneiden, und auch nur geringes Abweichen von dem besten Wert ergibt sofort so bedeutend schlechteres Schneiden, daß selbst der geschickteste Dreher sie nicht mehr nach Augenmaß und „Gefühl" richtig treffen kann. Die Gesetze, denen diese Winkel unterliegen, lernt der Praktikant auf der technischen Hoch- oder Fachschule kennen.

Einstellen der Werkzeuge. Das richtige Einstellen der Stähle an der Maschine wird wohl stets dem gelernten Facharbeiter verbleiben. Der Praktikant wird durch selbständiges Arbeiten sehr bald merken, welche Bedeutung ihm zukommt. Häufig nimmt ein gelernter Arbeiter (der „Einrichter") für eine Reihe ungelernter das Einstellen an deren Maschinen vor. Die Ersparnis leuchtet ein.

Spanbildung. Einen großen Einfluß auf Schnelligkeit des Arbeitens, Abnutzung der Stähle, Anstrengung und Verschleiß der Maschinen haben die Bearbeitungseigenschaften des Werkstoffs der zu bearbeitenden Stücke. Je fester, hauptsächlich aber je härter ein Werkstoff ist, desto langsamer muß er bearbeitet werden, und desto schneller stumpft er alle Schneiden ab. Einen lehrreichen Einblick in das technologische Verhalten der Metalle liefert die Spanbildung. Auch für den Laien springt der Unterschied zwischen den trockenen, brockigen Gußeisenspänen, den langen zähen Locken der schmiedbaren Stoffe und dem kurzen, gebogenen Span der Kupferlegierungen sofort ins Auge. Hier bietet sich dem Neuling ein reiches Lerngebiet, dessen Bedeutung gerade von Praktikanten oft unterschätzt wird.

Schruppen und Schlichten. Man unterscheidet eine grobe Bearbeitung, das Schruppen mit rauher Oberfläche des Werkstücks infolge Wegnahme grober, dicker Späne, und die saubere, maßgenaue Bearbeitung, das Schlichten. Häufig verlegt man die letzte Spanabnahme von der Drehbank oder Fräsmaschine auf die Schleifmaschine. Bei dem großen Querschnitt der Schruppspäne ergibt sich natürlich ein höherer Kraftbedarf als beim Schlichten. Ebenso sind die Stahlformen für beide verschieden. Werden an die Oberflächengüte besonders hohe Anforderungen gestellt, schließt sich an das Schlichten noch eine „Feinstbearbeitung" an, z. B. das Läppen, das Ziehschleifen (Honen).

Formgebung. Der Ingenieur wird bei der Wahl des Werkstoffs natürlich nach Möglichkeit auf dessen Bearbeitbarkeit auf den Werkzeugmaschinen Rücksicht nehmen. Die Kenntnis ihrer Eigenheiten ist daher Voraussetzung für wirtschaftliches Konstruieren bereits bei den Übungen auf der Hochschule. Hier liegt einer der Hauptvorteile der Fortsetzung praktischer Ausbildung nach Erledigung einiger Hochschulsemester. Dann achtet der Student ganz von selbst auf alle diese Fragen und bringt ihnen um so mehr Verständnis entgegen, je mehr er beim Konstruieren gemerkt hat, „wo es fehlt".

Hier sei nur auf eine allgemein beachtenswerte Tatsache der Werkzeugmaschinen hingewiesen, deren Berücksichtigung in erster Linie unumgänglich ist. Das ist die starke Komplikation, die jedes anscheinend geringfügige Abweichen von den Grundbewegungsrichtungen und Grundformen mit sich bringt. Vom rechten Winkel, der geradlinigen Flanke und dem kreisförmigen Querschnitt sollte man nie ohne triftigen Grund abweichen. Man beobachte daher genau, welche Verstellung an den Maschinen, welche Hilfsvorrichtungen und welches schwierige Messen erforderlich werden, wenn, etwa bei Herstellung eines Keiles, eine Flanke gegen die andere um einen spitzen Winkel geneigt ist oder wenn an der

Drehbank ein kegeliger Körper erzeugt werden soll. Die Bearbeitung von prismatischen Körpern mit krummlinig begrenzter Grundfläche macht meist besondere Vorrichtungen (Kopierfräser, Schablonen usw.) nötig.

Andererseits sind einige verwickelt erscheinende Formen mit der Maschine ohne weiteres herstellbar, so vor allem die Schraubenflächen. Der Grund liegt darin, daß sie durch Zusammenfügen der rein drehenden Bewegung mit geradliniger Verschiebung entstehen. Was der Praktikant also vor allem auf die Hochschule mitbringen muß, das ist die Unterscheidungsfähigkeit, ob eine Körperform im werkstattstechnischen Sinn einfach oder verwickelt ist, d. h. ob sie leicht und schnell herstellbar ist oder nicht. In diesem Sinn ist das Wort „technisches Formgefühl“ und „technisches Formempfinden“ zu verstehen. Der geschulte Ingenieur denkt und entwirft nur noch in Formen, die werkstattstechnisch einfach sind, und diese innige, wesentliche Verknüpfung der Form mit ihrer Herstellung durch einfachste Mittel unterscheidet das Formgefühl des Ingenieurs so völlig von dem des Malers oder Architekten, das man besser Stilgefühl nennen würde.

Wichtig ist also, daß der junge Ingenieur, wenn er auf die Hochschule kommt, vertraut ist mit den Entstehungswegen der Formen. Ungemein übend ist hierbei die ständige Überlegung beim Betrachten der verschiedenen fertig bearbeiteten Stücke, wie sie eingespannt gewesen sind und wie ihnen die Formen verliehen wurden, die sie nunmehr besitzen. Ganz besonders lehrreich ist die Vertiefung in die Herstellungsvorgänge der Werkzeuge selbst, also z. B. der Spiralbohrer, der Messerköpfe, der Spezialfräser usw. Allerdings wird man vielfach diese Entstehungsart nur in Werkzeug- und Werkzeugmaschinenfabriken, öfters aber auch in gut eingerichteten größeren Werkzeugmachereien der Maschinenfabriken verfolgen können. Von den Werkzeugen abgesehen, findet man ja aber meistens das Stück in der Nähe der Werkzeugmaschine, die es bearbeitete, und kann sich sofort davon überzeugen, ob man sich die Bearbeitungsweise richtig vorgestellt hat, da man vermutlich noch ein unvollendetes Stück in Arbeit beobachten kann. Hierin liegt der unersetzliche Wert und die so bald nicht wiederkehrende Lerngelegenheit der praktischen Arbeitszeit.

Behandlung der Werkzeugmaschinen. Besondere Beachtung erfordert die Behandlung der Werkzeugmaschinen. An Stelle der Meisterschaft in handwerksmäßigen Fertigkeiten tritt die nicht minder schwierige vollendete Beherrschung einer Werkzeugmaschine. Je empfindlicher und verwickelter die Werkzeugmaschinen werden, desto größer wird der Einfluß, den die jeweils gute oder unsorgfältige Behandlung auf tadelloses, rasches Arbeiten hat. Weil nun die komplizierten Maschinen für Sonderzwecke gegenüber den alten einfachen Bauarten immer mehr vordringen, ist es doppelt notwendig geworden, den Mann zu veranlassen, seine Maschine gut zu pflegen.

Für den Praktikanten hat die Übung in vorschriftsmäßiger Behandlung der ihm zum Lernen überwiesenen Werkzeugmaschine den hohen Wert, ihm den großen

Einfluß der sachgemäßen Wartung eines Mechanismus auf seine Nutzbarkeit handgreiflich zu zeigen. Es genügt nicht, eine Werkzeugmaschine vor Überlastungen zu schützen, sondern es ist auch auf „Kleinigkeiten" zu achten, die in ihrer Gesamtheit und ständigen Wiederholung ebenso schaden. So gehören Zeichnungen und Schraubenschlüssel ebensowenig auf Drehbankbetten, wie Späne in die Führungen und Getriebe. Bei Schlägen sind keine Bank-, sondern Holzhämmer zu benutzen. Der Praktikant lernt auch, jede Maschine als ein besonderes Einzelwesen mit Sonderlaunen und Sonderfehlern zu erkennen. So wird er davor bewahrt, später allzusehr beim Konstruieren zu theoretisieren. Er möge ferner darauf achten, welche Teile Öl brauchen, welche nicht, wo und mit welchen Vorrichtungen jeweils am zweckmäßigsten geschmiert wird usw. Solcher Grundstock technischer Kenntnisse wird später sehr angenehm von ihm empfunden.

Zusammenbau der Werkzeugmaschinen. Auf alle Fälle sollte man versuchen, während des Aufenthalts in den mechanischen Werkstätten einer vollkommenen Werkzeugmaschinenzerlegung oder, noch besser, der Aufstellung einer neuen Maschine beizuwohnen. Die Montage von Fertigfabrikaten der Fabrik erstreckt sich in der Mehrzahl der Fälle ja nur auf ein vorläufiges Zusammenstellen. Die eigentliche betriebsfertige Aufstellung geschieht mit allen Feinheiten erst an Ort und Stelle. Bei der Aufstellung von neuen Werkzeugmaschinen in den Werkstätten liegt nun dieser letzte Fall vor. Und zwar bietet gerade die Werkzeugmaschine ein Prachtbeispiel genauer Montage, sorgfältigster Aufstellung, und vor allem bietet sich hier Gelegenheit zur späteren Beobachtung im Betrieb: wo hier das Fundament „sackt", sich dort der Rahmen nachträglich „verzieht" usf. Zudem ist bei mittleren Größen und Durchschnittstypen auch dem konstruktiv und wissenschaftlich noch nicht ausgebildeten Praktikanten die Übersicht über das Ineinandergreifen aller Teile erleichtert. Es wird ihm sofort, oder spätestens beim Beginn des Arbeitens der neuen Maschine klar, welchem Zweck jedes Einzelteil dient. Diese oder jene technische Aufgabe ist bei der neuen Maschine vielleicht anders gelöst als bei den alten Typen in derselben Werkstatt. So wird zu vergleichendem, verständnisvollem Schauen in passendster Form angeregt. Auf keinen Fall versäume daher der Praktikant, vorkommendenfalls seinen Meister zu bitten, daß er ihm Teilnahme an einer solchen Aufstellung gestattet.

Genauigkeit. Der größte Vorteil dabei ist die Erkenntnis, welchen Grad von Genauigkeit man bei derartigen Aufstellungen innehalten muß und — kann. Durch die hierbei nötigen Geräte wie Wasserwaagen, Präzisionswinkel und -lineale, bekommt man erst einen Einblick in die erheblichen Schwierigkeiten, die die Formänderung des Maschinengestells und der Einzelteile bei Aufstellung und Inbetriebsetzung machen, und über die vollendete Herrschaft des heutigen Werkzeugmaschinenbaues über diese Schwierigkeiten.

Die Genauigkeit der Maschine ist ja die erste und unerläßliche Vorbedingung der heute notwendigen raschen Maschinenarbeit mit Genauigkeit der Erzeugnisse. Man kann schließlich auch mit ungenauen, klapprigen Maschinen arbeiten. Vermutlich werden die meisten Leser dieses Buches selbst die Gelegenheit haben, das festzustellen, da man den Praktikanten selten die besten und neuesten Maschinen zum Lernen zur Verfügung stellt. Aber auch der Geschickteste braucht an einer schlechten Werkzeugmaschine ungleich mehr Zeit, um gute Ware zu erzeugen, und wird leichter „Ausschuß" liefern als der Durchschnittsarbeiter an einer tadellosen Maschine. So bilden Genauigkeit und kräftige Bauart die Hauptforderungen, die zu erfüllen sind. Aber ohne sie wäre ein Arbeitstempo, wie es der Schnellstahl mit sich bringt, gar nicht möglich; so macht sich das höhere Anlagekapital einer guten Maschine durch volle Ausnutzung der wirtschaftlichen Arbeitsgeschwindigkeit stets bezahlt.

Die Hauptpunkte, wo diese Genauigkeit zum Ausdruck kommt, sind: vollkommen ebene Aufspannfläche, starre Führung der Werkzeuge oder des bewegten Werkstücks, Vermeiden „toten Gangs" in den Verstellspindeln („Zügen"), genaues Zusammenfallen der Achsen gegenüberliegender Teile (Löcher oder Zapfen), die völlige Genauigkeit aller rechtwinkligen Neigungen und genaue Entfernungsgleichheit paralleler Flächen.

Antrieb. Während früher oft eine ganze Fabrik durch eine Dampfmaschine ihren Antrieb erhielt, wobei durch die einzelnen Stockwerke Seil- oder Riementriebe liefen, kommt heute nur noch der Gruppen- oder der Einzelantrieb in Frage. Beim Gruppenantrieb faßt man eine Reihe dicht beieinander stehender Maschinen zusammen und treibt sie durch Transmission an. Wenn die Maschinen sehr ungleichmäßig besetzt sind, ist die Anlage wegen schlechter Ausnutzung der Transmission unwirtschaftlich. Beim Einzelantrieb erhält jede Maschine ihren eigenen Elektromotor. Der Platzbedarf und die Raumverdunkelung durch Riementriebe fallen fort. Es ergeben sich helle Räume und weniger Verletzungsgefahren, da der Motor mit der Maschine zu einer Einheit verwächst (Flansch-, Einbaumotor). Der Einzelantrieb gestattet auch, die Maschinendrehzahl leichter zu regeln.

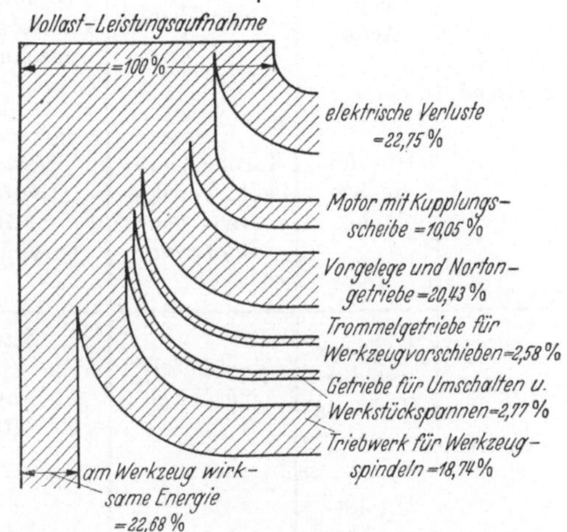

Verluste in einer Werkzeugmaschine (Vierspindel-Automat) (Masch.-Bau/Betrieb Bd.18 (1939) S.286)

Wie schon bei der allgemeinen Erörterung des Wirkungsgrades betont (S. 48), wird von der in eine Werkzeugmaschine gesteckten Leistung nur ein Teil unmittelbar für die Bearbeitung ausgenutzt. Wie sich die Leistung auf Verluste im Antrieb und in den Getrieben verteilt, zeigt das auf Seite 113 stehende Schaubild am Beispiel einer hoch entwickelten Spezialmaschine.

Der wiederholt betonte letzte Hauptgesichtspunkt für die wirtschaftlichste Fertigung von Maschinenteilen ist die Zuweisung der Bearbeitungen an diejenige Maschinengattung, die hierfür jeweils die geeignetste ist.

Zusammenstellung der in mechanischen Werkstätten von
Maschinenfabriken gebräuchlichsten
Werkzeugmaschinenarten

		Das Werkstück bewegt sich	Das Werkzeug bewegt sich	Beide bewegen sich
Kreisend	Um waagerechte Achse	Drehbank (Abstechbank)	Universalfräsmaschine, liegende Bohrmaschine (Zylinderbohrmaschine), Kreissäge, Werkzeugschleifmaschine, Flächenschleifmaschine	Rundfräsmaschine, Rundschleifmaschine
	Um lotrechte Achse	Karuselldrehbank, Vertikaldreh- und Bohrwerk	Vertikalfräsmaschine (Nutenfräsmaschine), Bohrmaschine (Gewindeschneidmaschine)	Rundfräsmaschine
Geradlinig	In waagerechter Richtung	Tischhobelmaschine	Shaping-Maschine oder Stoßhobelmaschine Räummaschine	—
	In lotrechter Richtung	—	Stoßmaschine	—

Leistungsverbrauch (N) und Gewicht (G) verschiedener
Werkzeugmaschinen

Mittelwerte bei Verwendung von Schnelldrehstahl

Hobelmaschinen mit mittlerer Tischlänge			Drehbänke			Radialbohr-maschinen			Fräsmaschinen		
Ho-bel-breite in mm	N in PS	G in kg	Spit-zen-höhe in mm	N in PS	G in kg	Boh-rer-durch-messer mm	N in PS	G in kg	Tisch-fläche mm	N in PS	G in kg
500	2...3	1600	200	2....5	1200 ..1600	25	2,5	2000	200 ×600	1	600
1000	7...9	6000	300	5...10	3000 ..4000	50	5	6500	250 ×1000	2	1200
1800	15...18	18000	500	12...15	15000	100	20	10000	300 ×1300	3...4	1900

Mittlere Leistungsfähigkeit verschiedener
Werkzeugmaschinen

	Schnitt- bzw. Umfangsgeschwindigkeit des Werkzeuges in m/Minute bei		
	Gußeisen	Stahl	Bronze oder Messing
Hobelmaschinen	8...10	12...15	15..25
Drehbänke	12...18	18...25	26..60
Bohrmaschinen	14...16	20...22.	35..40
Fräsmaschinen.	9...18	15...25	22..35

Übersicht über die Werkzeugmaschinen. Die gemeinsame Grundlage aller spanabhebenden Werkzeugmaschinen ist das Abtrennen von Spänen von den zu bearbeitenden Flächen. Hierzu bedarf es stets einer gegenseitigen Verschiebung von Werkstück und Werkzeug. Bei dieser können sich entweder beide bewegen oder nur das Werkstück oder nur das Werkzeug, und zwar geradlinig oder kreisend, in lot- oder waagrechter Richtung.

Um dem zum erstenmal in eine mit Maschinen erfüllte Werkstatt Tretenden einen ersten Überblick zu geben und ihn davor zu bewahren, nach Allereinfachstem zu fragen, ist auf S. 114/5 eine kleine Zusammenstellung gegeben, die keinen anderen Sinn und Zweck hat, als dem Praktikanten das erste Zurechtfinden in der Vielheit der unbekannten Werkzeugmaschinen zu erleichtern. Sie soll keine wissenschaftliche oder erschöpfende Einteilung darstellen.

14. Drehen und Schleifen

Drehen. Bei der Drehbank wird schon durch die Bezeichnung „Bank" im Gegensatz zu den anderen „Maschinen" angedeutet, daß sie geschichtlich die älteste Werkzeugmaschine ist und auch ohne Antrieb durch Maschinenkraft verwendet werden kann, wennschon der Praktikant schwerlich noch in Maschinenfabriken Metalldrehbänke mit Fußantrieb finden dürfte. Die drei Hauptarbeiten auf der Drehbank sind das Abdrehen, das Ausdrehen und das Plandrehen.

Abdrehen. Unter Abdrehen oder Längsdrehen versteht man die Bearbeitung der Außenseite eines Körpers. Sie findet selbstverständlich am bequemsten und schnellsten statt, wenn der Körper rein geradlinig zylindrisch ist. Man beachte stets den Arbeitszuwachs durch Hinzutritt von kegeligen, kugeligen oder gar beliebig profilierten Drehflächen. Werden für profilierte Drehflächen Sonderprofilstähle verwendet, so achte man darauf, wie die Umdrehungszahl des Stückes entsprechend kleiner gewählt werden muß.

Es soll noch auf die Möglichkeit des Gewindeschneidens an der Drehbank hingewiesen werden. Die Erzeugung der verschiedenen Gewindeformen unterscheidet sich vom Abdrehen nur durch die beträchtlich größere „Steigung". Die Furchen, die der Drehstahl hinterläßt, sind gegenseitig weiter entfernt und haben eine größere Tiefe (vgl. auch Abschnitt 17).

Ausdrehen. Besondere Aufmerksamkeit wende der Praktikant dem Ausdrehen zu, d. h. dem Drehen an der Innenseite von Hohlkörpern. Für die spätere Konstruktionspraxis ist es wichtig, vor Augen zu haben, wie beschwerlich und verteuernd sauberes Ausdrehen ist. Der Konstrukteur muß auch aus der Werkstatt ein Gefühl dafür mitbringen, inwiefern das Ausdrehen eines erweiterten Innenraumes durch eine enge Vorderöffnung hindurch überhaupt möglich ist. Mit dem Ausmessen auf dem Zeichentisch ist da meist wenig geholfen. Der Entwerfende muß seinem Entwurf ansehen: „Komme ich noch mit dem Stahl hinein oder nicht?"

Plandrehen. Die dritte Gruppe von Arbeiten ist das Plandrehen oder Querdrehen, d. h. die Erzeugung von Ebenen auf der Drehbank. Sie bedingt stets, daß der Drehstahl, sich senkrecht zur Drehachse verschiebend, immer größere Kreise (genau: eine Spirale) auf dem Stück beschreibt. Bleibt nun die Zahl der Umdrehungen in der Minute gleich, so muß notwendigerweise mit dem zunehmenden Radius des Schnittkreises auch die Schnittgeschwindigkeit dauernd zunehmen. Zu geringe Schnittgeschwindigkeit ist unwirtschaftlich, zu große ergibt Gefahren für Stahl und Stück. Man schaltet daher nacheinander verschiedene Drehzahlen durch das Vorgelege ein, um die Schnittgeschwindigkeit möglichst gleich groß zu erhalten. Gerade in diesem Fall ist die stufenlose Regelung der Drehzahl von Vorteil, da sie ohne Anhalten oder Räderwechsel den Geschwindigkeitswechsel der Maschine erlaubt.

Sonderdrehbänke. Im übrigen bildeten sich auch innerhalb der Bauform der Drehbank Sondergestaltungen für Sonderzwecke heraus. So erblickt man in jeder größeren Werkstatt die durch die sperrige Form des Werkstückes bedingte „Wellendrehbank" mit besonderen Stützen des Werkstückes, „Lünetten", die verhindern, daß sich die Welle zwischen den Spitzen durchbiegt. Im Gegensatz zu den langen dünnen Wellen stehen die kurzen scheibenförmigen Werkstücke. Für sie gibt es Kopf- und Plandrehbänke.

Bei schweren Werkstücken benutzt man Karuselldrehbänke oder Drehwerke (für Gehäuse, Schwungräder usw.). Hierdurch wird der Vorteil bequemsten Aufspannens erreicht, da das Stück aufliegt. Der Nachteil beruht darin, daß der Mittelpunkt der vom Stahl bearbeiteten Kreise gegen das Maschinengestell unverschiebbar ist. Die Karuselldrehbank eignet sich aus diesem Grunde hauptsächlich für Stücke mit einer (zentralen) Bohrung. Sind mehrere Löcher nebeneinander zu bohren, so muß für jede Bohrung neu aufgespannt werden.

Eine Sonderbauart stellen die „Abstechbänke" dar. Sie schneiden Stücke bestimmter Länge von Rundstangen ab zur weiteren Bearbeitung auf Drehbänken. Durch die automatischen Drehbänke haben sie jedoch einen Teil an Bedeutung eingebüßt.

Revolverdrehbänke. Sehr wirtschaftlich und bequem zu bedienen wird die Drehbank dann, wenn Maschinenteile ohne Umspannen hintereinander fertigzustellen sind (z. B. längsdrehen, plandrehen, bohren, abstechen). Das Werkstück kann auf der Spannvorrichtung eingespannt bleiben, und nur ein Wechsel der Werkzeuge wird nötig. Das Einspannen des Werkstückes vollzieht sich allerdings an der Drehbank nicht gerade bequem, wie der Leser aus eigener Erfahrung bestätigen wird. Immerhin sind die Spannvorrichtungen sehr gut ausgebildet. Wenn beim Entwurf der Stücke von vornherein darauf geachtet wird. daß bequeme Spannvorrichtungen verwendbar sind, so geht das Aufspannen im ganzen recht schnell vor sich. Auch das Studium dieser Einspannvorrichtungen ist daher wichtig.

Um nun auch den Wechsel der Stähle zu vermeiden, brachte man alle Stähle, die für eine Reihenfolge von Bearbeitungen nötig waren, in einem gemeinsamen „Revolverkopf"[1] unter, der nun einfach um je einen bestimmten Winkel gedreht wird, wenn das nächste Werkzeug gebraucht wird. Es liegt in der Natur der Sache, daß ein Werkzeug um so vielseitiger brauchbar ist, je einfacher es ist, und daß sein Anwendungsgebiet sich einengt, wenn es unter Sondergesichtspunkten hergestellt ist. So stellt denn auch der Entwurf von Maschinenteilen, die mit Revolverbänken bearbeitet werden sollen, besondere Aufgaben für den Konstrukteur; beispielsweise wird die Herstellung eines Maschinenteiles mit einem sechsteiligen Revolverkopf gleich wirtschaftlich möglich sein, solange 3, 4, 5 oder 6 Werkzeuge zu seiner Bearbeitung ausreichen. Würde ein siebentes erforderlich, so träte sofort die Notwendigkeit auf, einen Stahl auszuwechseln, und die Wirtschaftlichkeit der Herstellung wäre unverhältnismäßig schwer beeinträchtigt. Der Konstrukteur muß deshalb die Arbeitsgänge auf der Revolverbank beim Entwurf vor Augen haben. Hieraus ergibt sich für den Praktikanten der richtige Gesichtspunkt ihrer Betrachtung.

Automaten. Der letzte Schritt in der Weiterbildung der Werkzeuge und Einspannvorrichtungen und in der Ersparnis menschlicher Arbeitskraft wurde mit der Erfindung der „Automaten" gemacht. Ein einziger gelernter Arbeiter vermag deren bis 20 Stück zu überwachen. Die Schnelligkeit der Bearbeitung ist aufs höchste gesteigert. Ein Automat spannt in seinem Futter eine Werkstoffstange. Diese zieht er selbst um so viel vor wie nötig, um ein Werkstück fertig zu bearbeiten. Dann greifen nacheinander die Werkzeuge an und bearbeiten entsprechend ihrer Einstellung. Von z. B. sechs Werkzeugen ruhen also fünf, während eins arbeitet. Um auch diese fünf noch auszunutzen, hat man „Mehrspindelautomaten" gebaut, bei denen drei bis sechs Stangen Werkstoff gleichzeitig von den Werkzeugen bearbeitet werden. Die drei bis fünf im Entstehen befindlichen Werkstücke sind natürlich alle verschieden weit fertiggestellt. Alle Werkzeuge müssen die gleiche Anzahl Sekunden für ihre jeweilige Arbeit benötigen. Nach jedem Arbeitsgang schaltet sich der Spindelkopf weiter, d. h. die Stangen wechseln ihre Lage. Es schadet wenig, wenn der Jungpraktikant in dem Werk, wo er arbeitet, derartige Maschinen über-

---

[1] So genannt, weil er durch Umschwenken gleich ein neues Werkzeug ohne Aus- und Umspannen liefert, wie ein Revolver mehrere Patronen enthält.

haupt nicht kennenlernt. Auch dann, wenn sie vor seinen Augen arbeiten, sollte er nicht unnütz seine Zeit damit vergeuden, in die Feinheiten ihres Aufbaus einzudringen. Das ist Aufgabe von späteren Sonderstudien.

Schleifen. Die ersten Schleifmaschinen zum Längsschleifen hatten mit den Drehbänken die drehende Bewegung des Werkstückes gemeinsam. Sie wurden geboren aus der Notwendigkeit, glasharte Oberflächen zu bearbeiten. Die gehärtete Oberfläche muß höchsten Anforderungen gegenüber Druck- und Reibungsbeanspruchung genügen. Alle Härtevorgänge ändern das Gefüge der Oberfläche und gleichzeitig die Abmessungen. Es ist also unmöglich, einen Körper schon vor dem Härten so zu bearbeiten, daß er hernach völlig genaues Maß und spiegelglatte Oberfläche hat. Man ist gezwungen, vor dem Härten auf Bruchteile eines Millimeters genau vorzuarbeiten und die letzte feine Arbeit erst nach dem Härten zu vollenden.

Die Maschine, die diese Bearbeitung vollziehen soll, muß zwei Eigenschaften in sich vereinen: ihr Werkzeug muß härter sein als der härteste Stahl, und ihre Genauigkeit muß mindestens so groß sein, wie die vollkommenste Drehbank sie liefert.

Beide Anforderungen erfüllt die Schleifmaschine in ihrer heutigen Gestalt in so hervorragendem Maße, daß sie längst nicht mehr nur für das Herunterschleifen von wenigen Hundertstel Millimetern dient. Sie wird heute außer für gehärtete Gegenstände auch für ungehärtete Stücke verwandt und leistet Schneidleistungen, die denen einer Schruppbank nicht nachstehen. Heute schleift man sogar Gewinde aus dem Vollen, sehr wirtschaftlich mit Scheiben, deren Rand genau dem Gewindeprofil entspricht.

Dies liegt im folgenden begründet: Der Stahl leistet seine Arbeit unter großem Kraftaufwand und bei verhältnismäßig geringer Schnittgeschwindigkeit. Jede einzelne seiner Furchen weist einen erhöhten Rand und vertiefte Mitte auf. Wenn die Höhen und Tiefen der Wellenlinie des Furchenquerschnitts auch nur in Tausendstel Millimetern meßbar sind, so genügt doch diese Rauhigkeit der Oberfläche schon, der Genauigkeit eine sehr merkliche Höchstgrenze zu setzen. Die Schleifscheibe dagegen arbeitet mit geringem Kraftaufwand, aber am Umfang mit der Geschwindigkeit eines Schnellzuges (20 bis 30 m je Sekunde). Die breite Schleiffläche läuft schnell über die Längenerstreckung der Werkstücke hin und leckt gleichsam nur ein dünnes Häutchen bei jedem Lauf herunter. Die Dicke dieses Häutchens ist im Gegensatz zur Spantiefe des Stahls von der Einstellung des Supports viel unabhängiger. Während der Dreher leicht mit dem Stahl zu tief in das „Fleisch" geraten kann, nähert sich die Schleifscheibe der Maßgrenze ganz allmählich und der Schleifer kann mit aller Bequemlichkeit die Abnahme des Maßes Hundertstel für Hundertstel, Schleifgang für Schleifgang verfolgen. Bei normaler Schleifsteinbreite trifft zudem jeder

Punkt des Schleifstückumfanges drei- bis viermal hintereinander auf die allmählich weiterrückende Scheibe. Hierdurch wird der bei der ersten Berührung erfolgende Schnitt sofort geglättet und poliert, so daß die verbleibende Rauhigkeit nur noch mikroskopisch ist.

Schleifscheiben. Dieser Triumph des schnell kreisenden Werkzeuges war natürlich zunächst mit Nachteilen verknüpft, deren mehr oder weniger vollkommene Überwindung das Verfahren erst wirtschaftlich lebensfähig gemacht hat. Vor allem handelt es sich um die Herstellung des Werkzeuges: der Schleifscheibe. Sie besteht entweder aus natürlichem Stoff (Schmirgel) oder aus auf elektrothermischem Wege hergestelltem Siliziumkarbid. In mehr oder weniger feines Mehl (je nach geforderter Feinheit der Schleifarbeit) zermahlen, werden die Schleifmittel mit einem Kitt als Klebstoff (Kunstharz oder gebrannte Tonmischungen) gemischt, unter hohem Druck in die gewünschte Form gepreßt und oft gebrannt.

Naßschleifen. In das Feld des Werkzeugmaschinenkonstrukteurs fällt die Beseitigung der beiden anderen Übelstände: der Wärme- und der Staubentwicklung. Gegen beide gleichzeitig wird wirksam vorgegangen, wenn man statt trocken naß schleift, d. h. das Werkstück stark mit Wasser berieselt. Vielfach wird dem Kühlwasser Soda zugesetzt, hauptsächlich um die lästige Neigung zum Rosten einzuschränken. In manchen Fällen wird aber trocken geschliffen und der Staub durch Absauger unschädlich für die Gesundheit und die Maschine gemacht.

Es versteht sich von selbst, daß eine Werkzeugmaschine, die derartig genaue Arbeit liefern soll, selbst ein Muster von Präzisionstechnik sein muß.

Die Bedingungen, die der Konstrukteur beim Festlegen der Form für zu schleifende Körper befolgen muß, beziehen sich vor allem auf noch weiter getriebene Einfachheit, d. h. Vermeiden aller kurvenbegrenzten Profile.

Werkzeug-Schleifmaschinen. Bei den allgemeinen Bemerkungen über Werkzeugmaschinen war schon auf die Wichtigkeit scharfer Werkzeuge hingewiesen. Nun sind die Schleifmaschinen, mit denen die Stähle, Fräser und Bohrer geschliffen werden, fast stets von den Maschinen getrennt, die der reinen Bearbeitung durch Schleifen dienen. Oft sind sie gleich an die Härterei angeschlossen. Sehr beachtenswert ist die Art, in der z. B. die Fräser aufgespannt werden, ebenso lehrreich die Vorrichtung zum Schärfen der Spiralbohrer.

Spitzenloses Schleifen. Um auch beim Schleifen das zeitraubende Spannen und Ausrichten zu vermeiden, hat man bei Werkstücken von kleinen Abmessungen, Rollen und Bolzen, ein Verfahren entwickelt, wodurch die Teile ohne jede Spannhülse oder dergleichen an der Schleifscheibe vorbeigeführt werden. Bei dieser Art, dem s p i t z e n l o s e n Schleifen, dient ein Stützlineal und eine sich drehende Scheibe von kleinerem Durchmesser als die Schleifscheibe der Führung und der Längsbewegung der kleinen Werkstücke. Obwohl diese Maschinen für die Massenfertigung von größter Wichtigkeit sind, haben sie doch für den Praktikanten, der erst die Grundlagen der Arbeitsverfahren kennenlernen will, eine untergeordnete Bedeutung. Naturgemäß gibt es auch viele Schleifmaschinen für Sonderzwecke. Hier seien nur die genannt, die automatisch die Flanken gehärteter Zahnräder schleifen.

Schleifen statt Feilen. Während die einfachen Schleifsteine früher nur zum Schärfen der Stähle dienten, benutzt man sie jetzt gern, um rasch von Werkstücken in der Schlosserei oder Montage überstehende Mengen Werkstoff zu trennen. Bei kleinen Blechteilen, die wegen geringer Stückzahl von Hand gemacht werden, kann man auf diese Weise schnell die Kanten abrunden, Schrägen herstellen, kurz, viele Arbeiten vornehmen, die durch Feilen bedeutend länger dauern würden. Solche Arbeiten dürfen wegen des Herumfliegens kleiner Splitter nur mit einer Schutzbrille ausgeführt werden.

Beobachtungswinke

a) Drehen. Was versteht man unter „Zentrieren"?

Wie sind die Teile der umlaufenden Futter gegen Berühren geschützt?

Wie werden Verletzungen beim Laufen der Drehbank verhütet?

Welche Mittel hat der Dreher, um störende Durchbiegung sehr langer Stücke (Wellen) zu vermeiden?

Kann ein sauber gebohrtes Stück hernach auf der Drehbank so eingespannt und außen abgedreht werden, daß der Außenzylinder und die Bohrung absolut konaxial sind? Und umgekehrt?

Wie kann bei Drehen eines Profils nach Schablone der Dreher sich versichern, daß die Schablone nicht schief steht?

Welche Folgen hat eine Verschiebung der Reitstockspitze aus der Mittelachse der Drehbank?

Welchem Zweck dienen die folgenden

Drehwerkzeuge

Universal-Planscheiben	Mitnehmer
Zentrierende Spannfutter	Gewindestrehler und Halter dafür
Drehdorne	Kordierapparat
Expandierende Drehdorne	Kordierrädchen

D r e h w e r k z e u g e

Stahlhalter	Dornpressen
Klemmfutter	Bohrstangen
Spitzenschleifapparat	Zentrierbohrer
Richtvorrichtungen für Spindeln usw.	

In der Revolverdreherei:

Schneideisenhalter	Schwenkbare Stahlhalter
Schneideisenköpfe (mit Kapseln)	Bohrfutter mit Spannbüchsen
Gewindebohrerköpfe	Abstechstähle
Gewindeschneidköpfe	Anschläge

b) Schleifen. Wie werden Schleifscheiben aufgespannt?

Welcher Schutz besteht gegen ein Zerspringen und Auseinanderfliegen der Scheiben?

Welche Funken beobachtet man beim Schleifen? Kann man daran den Werkstoff erkennen?

Wann nimmt man Scheiben mit weicher Bindung und wann solche mit harter Bindung?

Wie behandelt man stumpf gewordene Schleifscheiben?

Wie werden Spiralbohrer geschliffen?

Wie werden Fräser geschliffen?

Schleifen nach Schablone.

Schleifen kugeliger Flächen.

15. Hobeln und Stoßen

Die Hobel- und Stoßmaschinen haben geradlinige Bewegung des Stahls gegen das Arbeitsstück oder umgekehrt. Hierdurch erscheinen sie besonders geeignet, ebene Flächen wirtschaftlich zu bearbeiten. Denn während des ganzen Vorwärtsschreitens besitzen Werkzeug und Werkstück eine ziemlich gleichmäßige Geschwindigkeit gegeneinander. Wir werden sehen, daß dieser Schein trügt, zumindest daß es Werkzeugmaschinen gibt, die dieselbe Arbeit noch wirtschaftlicher leisten als die Hobel- und Stoßmaschinen. Denn den Maschinen mit geradliniger, hin- und hergehender Bewegung haften schwere grundsätzliche Mängel an.

Hobeln oder Fräsen? Als Hauptübel ist zu betrachten, daß diese Maschinen fast die Hälfte der Arbeitszeit leerlaufen müssen; es folgt aus dem Grundgedanken, der ihnen zugrunde liegt, daß sie nach einem Schnitt das Werkzeug um die gleiche Strecke arbeitslos zurückziehen, zu dem nächsten Schnitt gleichsam wieder ausholen, geradeso wie der Tischler beim Hobeln.

Der unwirtschaftliche Rücklauf. Man hat versucht, diesen Mangel zu beseitigen, indem man besondere Stichelhäuser und Stahlhalter schuf, die für Vorwärts- und Rückwärtsgang je einen Stahl enthalten, mit dem

Rücken einander zugewandt. Aber trotz aller sinnreichen Umsteuervorrichtungen gelang es nie, dem grundsätzlichen Mangel einer solchen Vorrichtung abzuhelfen. Die Zeit, in der die Arbeit vollzogen wird, ist und bleibt der Angelpunkt der Wirtschaftlichkeit. Deshalb beschritten die Hobel- und Stoßmaschinenhersteller mit besserem Erfolg einen zweiten Weg: die Maschinen machen ihren leeren Rücklauf mit größerer Geschwindigkeit als den Arbeitslauf. Bei neueren Maschinen hat man die Rücklaufgeschwindigkeit bis auf das Vierfache erhöht.

Aus dem verwickelten Vor- und Rückwärtsbetrieb folgt ein weiterer Nachteil der Hobelmaschine: sie behält für alle Metalle notgedrungen dieselbe Schnittgeschwindigkeit bei, falls nicht ein Sonderantrieb mit Regelbarkeit besteht. Für die Bearbeitung leicht schneidbarer Stoffe bedeutet das natürlich einen schweren wirtschaftlichen Verlust.

Auch die beiden in Werkstätten häufig zu hörenden Einwände: die Hobelmaschinen arbeiten genauer und seien billiger als die Fräsmaschinen, sind in dieser allgemeinen Fassung hinfällig. In der Tat ist bei der Fräsmaschine mit ihrer breiten, langsam vorwärtsschreitenden Schneidfläche die Gefahr des „Verziehens“ durch Erwärmung größer als bei der Hobelmaschine, die schnell über die Arbeitsfläche hinfährt und nach jedem Schnitt während des Rücklaufes Zeit zum Abkühlen gibt. Wenn man aber die Fräser reichlich mit Seifenwasser kühlt, verziehen sich die Stücke nicht.

Beobachtungswinke

Welche Einrichtungen gibt es, um selbsttätig zylindrisch-konkave und zylindrisch-konvexe Flächen durch Hobeln zu erzeugen?

Hobeln und Stoßen von Zahnrädern und Kegelrädern.

Wieviel „Auslauf“ muß der Konstrukteur neben dem Rand einer Arbeitsfläche für Hobel- und Stoßstahl zur Verfügung stellen?

Wie sind Hobelstähle für besonders zähen Werkstoff geformt (federnde Kröpfung, z. B. zum Hobeln von Rotornuten)?

Wie werden große Werkstücke auf dem Bett der Hobelmaschine gespannt und ausgerichtet?

16. Fräsen und Räumen

Vorteile des Fräsens. Beim Fräsen arbeitet eine Anzahl, über den Umfang des Werkzeugs verteilter Schneiden nacheinander. Die Vorteile sind leicht ersichtlich: Während bei einer Bewegung, z. B. des Hobelstahls, auch nur ein Span abgetrennt wird, vervielfacht sich diese

Schneidleistung mit der wachsenden Zahl der Schneiden. Zudem vermeidet die kreisförmige Anordnung der Schneiden (gegenüber der Feile) den unwirtschaftlichen Rücklauf. Von anderem Standpunkt kann man sagen: In die gleiche Schneidarbeit teilen sich so und so viel Schneiden. Die einzelne Schneide leistet so und so viel mal weniger Arbeit, wird also so und so vielmal so wenig abgenutzt.

Stirnfräser. Der Fräser dient vor allem zur Herstellung gerader Flächen. Diese können in zweifacher Weise von ihm erzeugt werden: die Drehachse liegt entweder parallel zur erzeugten Fläche (Walzenfräser) oder sie steht senkrecht zu ihr (Stirnfräser). Beide Verfahren werden auch gleichzeitig oder abwechselnd von ein und demselben Fräser ausgeübt; Beispiel: Nutenfräsmaschine. Es ist Sache der eigenen Belehrung, welche Art des Arbeitens jeweils angebracht erscheint. Hier sei nur auf den grundsätzlichen Übelstand des Stirnfräsers hingewiesen, daß die Punkte des Stirnumfanges natürlich eine andere Schnittgeschwindigkeit haben müssen als die in der Mitte. Der Mittelpunkt des Stirnkreises steht sogar still. Die Abnutzung ist daher ungleichmäßig, stärker am Rand als in der Mitte. Dagegen gewährt der Stirnfräser den Vorteil, daß er von der Größe der zu bearbeitenden Fläche unabhängig ist. Er bleibt stets verhältnismäßig billig, besonders in der Form des sog. „Messerkopfes".

Formfräser. Ein großer Vorteil des Walzenfräsers fehlt ihm aber völlig. Für „Form- oder Fassonfräser" kann man nur Walzenfräser verwenden. Der Stirnfräser kann natürlich nur Ebenen erzeugen. Gibt man jedoch dem Walzenfräser statt gerader Flanke eine profilierte, so erzeugt der Fräser, auf einer zur Achse senkrechten Linie geführt, eine Schnittfläche, die, längs der Schnittrichtung durchschnitten, eine Gerade ergibt; quer zur Schnittrichtung durchschnitten zeigt sie ein Profil, das sich zu dem des Fräsers verhält wie Positiv zu Negativ. Die Profilkanten sind kongruent. Die ungeheure Zeitersparnis liegt auf der Hand.

Aber jede Mehrwirkung verlangt Mehraufwand; das ist unabänderlich. Hier liegt er in der größeren Kostspieligkeit der Formfräser. Selbstverständlich lohnt die Herstellung eines solchen Fräsers nur, wenn das betreffende Profilstück Massenware ist: z. B. Leisten, Drehbankbetten; vor allem aber eignet sich dieses Verfahren für die Herstellung von Zahnrädern und Schnecken, da hier ja die Formen der Zahnflanken für verschiedene Räder doch gleich bleiben und das Schneiden aller Zähne mit einem und demselben Profilfräser größte Gleichmäßigkeit verbürgt. Zu der Gleichmäßigkeit des Schnittes kommt die Genauigkeit des Zahnabstandes hinzu, die sich auf jeder Universal-Fräsmaschine mühelos durch den sogenannten „Teilkopf" erreichen läßt. Er sei besonderer Beachtung empfohlen.

Man macht sich die Möglichkeit, wiederkehrende Teilprofile mit Formfräsern zu bearbeiten, noch in einer anderen, höchst interessanten Weise zunutze. Verwickelte und besonders ausgedehnte, breite Profile setzt man aus mehreren Einzelprofilfräsern zusammen. Jeder von ihnen ist einfach in der Form und kurz, daher billig und zuverlässig härtbar. Alle zusammen, in der rechten Reihenfolge hintereinander auf die Frässpindel gereiht, zeigen das erwünschte Profil. Aus wenigen dieser Profilteile kann man nun, wie aus Bausteinen, eine große Zahl verschiedener Gesamtprofile zusammenstellen und einen Sonderfräser großer Breite sparen.

Hinterdrehung. Mit dieser Seite der Verteuerung hat sich somit die Werkstattechnik sehr vorteilhaft abgefunden. Noch an einer anderen Stelle macht sich jedoch ein verteuernder Einfluß der Fräserprofilierung geltend. Schleift man einen gewöhnlichen Fräser, so ändert er sein Profil, wenn auch nur wenig, so doch genug, um genaues Arbeiten, vor allem bei Zahnrädern, auszuschließen. Man hat daher den Kunstgriff des „Hinterdrehens" erfinden müssen, ehe der Profilfräser überhaupt anwendbar wurde. Die Einzelheiten über Aussehen, Wirkungsweise und Kennzeichnung hinterdrehter Fräser erfragt und prüft der Leser am besten in der Werkstatt selbst. Zum Hinterdrehen bedient man sich einer Sondermaschine, der Hinterdrehbank.

Das Hinterdrehen hat sich so vorteilhaft erwiesen, daß man es auch für gewöhnliche Fräser häufig anwendet: ist auch der Preis hinterdrehter Fräser höher, so ist doch die Unveränderlichkeit der Schneidwinkel beim Schleifen in höherem Grade gewährleistet als beim gewöhnlichen, gefrästen Fräser mit spitzen Zähnen.

Rundfräsen. Größere Verwendung findet neuerdings die „Rundfräserei", die ganz auf den Errungenschaften der Profilfräser-Herstellung beruht. An profilierten Drehkörpern (Handrädern, Griffen usw.) zeigt sie vor allem dem Drehen gegenüber große Zeitersparnis. Ebenso werden heute Gewinde gefräst.

Abwälzfräsen. Für die massenweise Herstellung von Zahnrädern werden die „Abwälzfräser" benutzt. Das Werkzeug ist kein Scheibenfräser mit dem Profil der Zahnlücke, sondern ein schneckenförmiger, der bei gleichzeitiger Bewegung des Werkstückes langsam die Flankenform des gewünschten Zahnes kontinuierlich durch immer tieferes Schneiden auf dem ganzen Umfang des Radkörpers erzeugt.

Räumen. Bei engen Nuten, vor allem bei Arbeiten im Inneren eines Maschinenteiles, ist für sich drehende Fräser kein Platz. Statt des früher üblichen Stoßens wird ein neues Verfahren, das Räumen, bevorzugt. Das Werkzeug, die Räumnadel, kann mit einer Feile verglichen werden, die allseitig fräserartige Schneiden besitzt, die ohne Drehbewegung nur in gerader Richtung bewegt werden. Nebenstehende Abbildung zeigt Arbeitsbeispiele dafür. In ein vorgebohrtes rundes Loch wird die Räumnadel gesteckt. Dann wird sie langsam durch das Werkstück gezogen, wobei die letzten Schneiden die Form des mehr oder weniger eckigen Profils liefern. Für Nuten in Buchsen, Werkzeugen oder Ritzeln ist dieses Verfahren, das bedeutend schneller geht, dem Stoßen überlegen; allerdings sind die Räumnadeln, ihrer verwickelten Form wegen, teuer und für Stöße empfindlich.

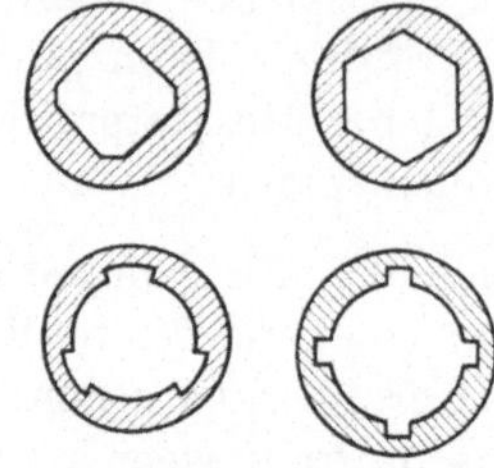
Arbeitsbeispiele für Räumen

Beobachtungswinke

Herstellung eines Keils?
Herstellung von Langlöchern, Nuten und Federn?
Erzeugung von Sechskantköpfen?
Fräsen von Zahn-, Kegel- und Schraubenrädern sowie von Schnecken?
Wie klein darf man beim Fräsen von konkaven Profilen den kleinsten Krümmungsradius höchstens wählen?
Wie vermeidet man eine unzulässige Durchbiegung der Frässpindel?
Warum verlaufen die Schneiden bei Walzenfräsern häufig schräg?
Wie teilt man bei breiten Fräsern den Span, und warum ist dies vorteilhaft?
Welchem Zweck dienen die folgenden

Fräser Werkzeuge und Vorrichtungen:

Fräsfutter mit Spannbüchsen	Scheibenfräser
Winkelstirnfräser	Nutenfräser
Schaftfräser	Hinterdrehte Fräser
Zusammengesetzte Fassonfräser	Fingerfräser
Zweischneider für Langlöcher	Zahnradfräser
Fräser für Kupplungszähne	Schneckenfräser
Prismenstücke	Außenfräser

17. Bohren und Gewindeschneiden

Bohren, Abflächen. Das Bohren hat viel Verwandtschaft mit dem Stirnfräsen. Die Bohrmaschine dient auch keineswegs nur dazu, Löcher zu bohren, sondern die zur Bohrungsachse senkrechten Endflächen, die „Augen", abzuflächen, auf denen meist die Schraubenköpfe und -muttern aufruhen. Das geschieht mit Bohrstange und Schneidmesser oder Senker.

Aufreiben. Von allgemeiner Bedeutung ist die Frage der mit Bohrmaschinen erreichbaren Genauigkeit. Sie wird erhöht durch Nachreiben der Löcher mit den verschiedenen Sorten von Reibahlen, in denen man eine besondere Form von Walzenfräsern erblicken könnte. Das Arbeiten mit ihnen ist deshalb eine besondere Kunst, weil sie wegen ihrer eigenartigen, messerartigen Schneidwinkel große Neigung zum Festfressen im Loch haben.

Beim Konstruieren verbleibt erfahrungsgemäß für die Schraubenlöcher oft ein ungünstiger Platz. Häufig ist es knapp möglich, das Loch überhaupt bohrbar zu machen, oder wenn das Loch noch eben hergestellt werden konnte, läßt sich an dieser Stelle keine Mutter anbringen oder anziehen. Es ist daher sehr von Vorteil, wenn sich der Praktikant durch Gespräche mit geübten Bohrern und dem Meister genau über die Möglichkeiten unterrichtet, die für das Bohren schlecht zugänglicher Löcher vorhanden sind. Dasselbe gilt für das Schneiden von Lochgewinden mit der Gewindebohrmaschine. Sonst konstruiert man späterhin leicht Löcher und Gewinde, die nur von Hand oder auch gar nicht gebohrt und geschnitten werden können.

Bohrvorrichtungen. Wiederholt sei an dieser Stelle der Hinweis auf die Bohrvorrichtungen, von der Bohrschablone angefangen bis zu den Einspannvorrichtungen mit gehärteten Bohrbuchsen.

Vielfach-Bohrmaschinen. Für eine große Anzahl von Bohrungen sind die gewöhnlichen Bohrmaschinen, insbesondere der Normaltyp der Radialbohrmaschinen, nicht geeignet oder noch nicht auf der Höhe der Wirtschaftlichkeit. Man verwendet beispielsweise für das Bohren von langen Lochreihen, wie sie insbesondere bei Nietverbindungen nötig werden, Mehrfach- oder mehrspindelige Bohrmaschinen. Die Beobachtung ihrer Arbeitsweise lehrt unter anderm, welche entscheidenden Maße für das Bohren einer ganzen Reihe gebraucht werden. Diese Kenntnis ist wichtig für das Eintragen der Maße in die Zeichnungen.

Ortsbewegliche Bohrmaschinen. Niet- und Schraubenlöcher können häufig erst bei der Zusammenstellung (wenn die zu verbindenden Stücke in ihrer endgültigen gegenseitigen Lage festliegen) gebohrt werden, und zwar bei großen Arbeitsstücken mit verfahrbaren und tragbaren Bohrmaschinen.

Bei ihnen tritt ein grundsätzlicher Mangel der gewöhnlichen Bohrmaschinen besonders in Erscheinung: die unsichere „Führung" des Werkzeuges. Denn von allen anderen Fehlerquellen abgesehen, ist die hauptsächlichste die, daß naturgemäß immer der Bohrer nur an seinem einen Ende gefaßt werden kann, und auch an diesem wegen der Forderung schnellen Werkzeugwechsels nur mit dem bekannten kegeligen Bohrfutter. Sicher geführt ist daher der Bohrer erst, sobald seine Spitze im Bohrloch steckt. Aus diesem Grunde ist die Schwierigkeit beim Beginn des Vorganges am größten. Tiefes „Ankörnen" des Bohrungsmittelpunktes ist unerläßlich; der Konstrukteur hat streng auf diese Schwierigkeit Rücksicht zu nehmen, indem er stets eine zur Lochachse senkrecht stehende Angriffsfläche für den Bohrer schafft. Das erfordert häufig den Aufwand besonderer Angüsse („Augen").

Horizontal-Bohrmaschinen. Für eine große Reihe gerade der wichtigsten Bohrungen scheidet das senkrechte Bohren überhaupt aus. Wegen der sicheren Lagerung des Werkstückes und leichteren Führung des Werkzeuges zeigt beispielsweise die „Kanonenbohrmaschine" zum Durchbohren langer Wellen waagerechte Bohrachse. Sie ist auch in anderer Hinsicht (Messen, Kontrollmessung, Entfernen der Bohrspäne) höchst lehrreich. Von der einseitigen Lagerung des Bohrwerkzeuges ganz abgegangen ist man schließlich bei der Zylinderbohrmaschine, die von allen Bohrmaschinen die höchste Genauigkeit erreicht.

Gewindeschneiden. Für Innengewinde sind meist zwei oder drei Werkzeuge erforderlich (Vor- und Nachschneider). Zu beachten ist die geringe Schnittgeschwindigkeit und die sorgfältige Schmierung (Rüböl). Der Konstrukteur muß wissen, daß in sprödem Werkstoff (Gußeisen) die Gewindegänge leicht ausbrechen, weshalb man sie dort nach Möglichkeit ganz vermeidet. Statt der Schneideisen für Innengewinde benutzt man, besonders auf automatischen Drehbänken, „Gewindeschneidköpfe", die neben größerer Lebensdauer noch den Vorteil haben, die Späne besser abzuführen.

Beobachtungswinke

Wie weit kann man Löcher vorgießen ? Vor- und Nachteile ?

Wie kann man sich helfen, wenn durchaus ein Loch schräg zur Oberfläche gebohrt werden muß ?

Wie lang darf eine Bohrung im Verhältnis zu ihrem Durchmesser gemacht werden, damit noch normale Bohrer verwendet werden können ?

Welche Mittel wendet man zum Bohren noch längerer Löcher an ?

Welche Übelstände bringt das Bohren langer schmaler Löcher überhaupt mit sich ?

Welche Bohrer sind für Massenfertigung vollkommen unzweckmäßig und warum ?

Wozu sind die Nuten in Spiralbohrern ?

Wie verhütet man beim Durchbohren eines Stückes das Herumschlagen des Werkstücks und dadurch entstehende Verletzungen ?

Wie wird man bei großen Mengen von Muttern Gewinde schneiden ?

Welchen Einfluß haben die verschiedenen Sorten Bohrer auf Genauigkeit usw. des Loches?

Wie stellt der Bohrer oder Anreißer die Stelle fest, wo er anbohren soll, wenn sich zwei Bohrungen in der Mitte des Körpers treffen sollen? Mit welcher Genauigkeit wird das Treffen durchschnittlich eintreten?

Welche Mißstände ergeben sich beim Anbohren gegenüber dem Durchbohren?

Kann mit Gewindebohrern ein Gewinde bis völlig auf den Grund des vorgebohrten Loches geschnitten werden?

Welchem Zweck dienen die folgenden

Werkzeuge und Vorrichtungen:

Maschinen-Reibahlen	Bohrstangen zum Bohren in Vorrichtungen
Verstellbare Reibahlen	Gewindebohrer
Nachstellbare Grundreibahlen	Mitnehmer für Gewindebohrerköpfe
Kopf- und Halssenker	Kanonenbohrer mit Ölzuführung
Zapfensenker (mit Anschlag)	Krausköpfe
Aufstecksenker mit Anschlägen	

V. Arbeitsverfahren ohne Verformung

18. Anreißen und Messen

Zweck des Anreißens. Die Metallstücke werden vor ihrer sauberen Bearbeitung auf ihrer Oberfläche mit genauen Zeichen versehen, die die unentbehrliche Grundlage für das „Einspannen" auf der Werkzeugmaschine bilden. Während und nach der mechanischen Bearbeitung der Stücke muß sich zwar der Maschinenarbeiter noch besonders überzeugen, daß die Stücke „genaues Maß haben". Aber die Vorarbeiten für sachgemäßes Einstellen der bearbeitenden Werkzeuge, so daß sie nicht zuviel und nicht zu wenig Werkstoff wegnehmen, liegen ganz und gar beim Anreißen. Sehr wertvoll ist der Umstand, daß Auge und Hand eines geübten Anreißers es vortrefflich verstehen, etwaige Ungleichmäßigkeiten bei Guß, Schmiedung oder Pressung durch das Anreißen so zu berücksichtigen, daß das Material allseitig ausreicht. Voraussetzung hierfür ist auch der gleichzeitige Überblick über die gegenseitige Lage von Maßmarken, die für verschiedene Werkzeugmaschinen angewendet werden.

Auch hier also finden wir wiederum eine Arbeitsteilung, die natürlich sofort den Hauptvorteil, höchste Vollendung des Spezialisten, zeigt. Die Anreißer, die jahraus, jahrein nichts weiter tun als messen und Maßzeichen machen, haben ihre Arbeit nach Möglichkeit vereinfacht und sich besondere Werkzeuge geschaffen. Zum Anreißen wählt man nur ganz erstklassige Leute. Besonnenheit, Dispositionsvermögen, scharfes Auge, sichere Hand, bestes Verständnis der Werkzeichnungen und vor allem peinlichste Gewissenhaftigkeit und Zuverlässigkeit muß man von ihnen verlangen.

Wichtigkeit des Anreißens für Praktikanten. Vor allem aber ist Kenntnis des Meßverfahrens des Anreißers von Wert für das richtige Eintragen der Maße in die Werkzeichnungen. Es ist ja fast unglaublich, eine wie hohe Zeitersparnis und vor allem Ersparnis an Verdruß und Kosten aus Irrtümern die zweckentsprechende und klare Eintragung der Maße mit sich bringt. Die Fähigkeit hierzu ist das Zeichen eines konstruktiv wohlerzogenen und solid vorgebildeten Ingenieurs, abgesehen von ihrer Unentbehrlichkeit. Die Zeit, die für den Konstrukteur notwendig ist, die richtige Anordnung und Auswahl der Maße zu treffen, ist um so kleiner, die Mühe um so geringer, je deutlicher ihm die Tätigkeit des Anreißers vor dem geistigen Auge steht, d. h. je sorgsamer er sich während seiner praktischen Ausbildung um sie gekümmert hat.

Die Hilfsmittel des Anreißers sind ja verhältnismäßig einfach: Zirkel, Streichmaß, Lineal, Winkel und Winkelschmiege und ein genauer Maßstab reichen im allgemeinen aus. Für Arbeiten an der Anreißplatte treten noch die sogenannten Parallelreißer und Spitzmaße hinzu. Aus ihrer Anwendung ergibt sich z. B. die Zweckdienlichkeit, gewisse Maßangaben stets auf die Endflächen des Körpers zu beziehen. Auch geht von vornherein die Anschauung in Fleisch und Blut über, daß man niemals Maße von Punkt zu Punkt, sondern nur Abstände von Linie zu Linie geben darf.

Kein Praktikant sollte versäumen, dem Anreißen besondere Aufmerksamkeit zu schenken. Nur die Anschauung setzt ihn in den Stand, späterhin richtige Maße schnell und an der richtigen Stelle einzuschreiben und so auf der Hochschule viele Mühe, im Leben viele Mark zu ersparen. Aufmerksames Vergleichen der Werkstattzeichnung mit dem angerissenen Stück fördert das Raumvorstellungsvermögen und die so unentbehrliche Fähigkeit, technische Zeichnungen schnell zu lesen, besser und bequemer, als es später die Hochschule vermag.

Steigende Anforderungen beim Messen. Die Werkstücke müssen mehrmals auf Maß geprüft werden. Dies ist Aufgabe der Meßtechnik. Weil der Maschinenbau Maßarbeit von erster Güte braucht, entstand die sicher und genau arbeitende Werkzeugmaschine, die nun ihrerseits derart genaue Maßarbeit lieferte, daß man an die Lösung von Aufgaben ging, an die man bisher nicht gedacht hatte. So stiegen dann im Gang der Entwicklung abermals die Anforderungen an die Genauigkeit. Diese endlose Kette findet die Grenze teils durch die natürliche Genauigkeit der unvermeidlichen Werkzeugfurchen (wie wir im vorigen Teil sahen), zum größten Teil aber in den Kosten genauer Bearbeitung. Die Kosten der Genauigkeit immer niedriger zu halten, Genauigkeit mit Schnellarbeit zu verbinden, ist das Ziel geworden. Gerade die beiden letzten Jahrzehnte zeigen in dieser Richtung bedeutende Fortschritte.

Genauigkeitsgrad. Die Genauigkeit des Messens richtet sich in erster Linie nach der benutzten Maßeinheit. Der Architekt gibt seine Maße in m, höchstens in cm an[1]. Abweichungen von 1 cm beeinträchtigen den Wert der Arbeit des Maurers noch nicht. Der Möbelschreiner hat im allgemeinen nicht zu fürchten, daß ihm Ungenauigkeiten von 1 mm Schaden bringen, denn er arbeitet nach cm. Nur wenn er etwa einen Kasten in eine Lade oder eine Schranktür in den Rahmen paßt, sind Abweichungen von 1 mm unzulässig.

Ganz ähnlich, wie dieser Handwerker, arbeitete früher der gesamte Maschinenbau. Waren Passungen zweier Stücke ineinander nötig, wie Zapfen und Lager, so wurden sie bei der Herstellung Paar für Paar durch Probieren aufeinander zugeschnitten oder bei der Montage sauber passend gemacht. Es schadete nichts, wenn ein Loch ein Zehntel mm zu weit geraten war: man drehte dann von dem zugehörigen Zapfen ein Zehntel weniger herunter. Beide wurden mit gleicher Marke „gekörnt" und so als zusammengehörig gekennzeichnet.

Austauschbarkeit. Dies Verfahren war früher für Einzelanfertigung durchaus hinreichend. Wir sahen bereits, daß die Forderungen für die Massenfertigung von Maschinenteilen erheblich weitergehen: Austauschbarkeit muß hier gewährleistet sein. Eine beliebige Reihe von Zapfen zahlenmäßig gleichen Durchmessers muß in eine beliebige Reihe von Bohrungen des gleichen zahlenmäßigen Durchmessers in beliebiger Vertauschung passen, ganz gleichgültig, welche Zapfen ich aus der Reihe herausgreife und in welche Bohrung ich ihn einführe. Welches ist der billigste Weg, auf dem man diese schwer erfüllbare Forderung erreicht?

Passungen. Betrachten wir noch einmal den Vorgang des einzelnen Einpassens ohne Austauschbarkeit. Hier stellt der Dreher, der beispielsweise eine Welle für ein Lager passend drehen soll, das ein anderer Dreher ausgedreht hat, zunächst dessen Durchmesser mit dem Lochtaster auf etwa Zehntel-mm genau fest. Noch genaueres Messen erlaubt ihm das Messen mit der Schublehre oder mit der Mikrometerschraube. Die Schublehre gestattet je nach ihrer Ausführung das sichere Ablesen von Zehntel- oder gar Zwanzigstel-Millimetern, während die Mikrometerschraube das Ablesen von Hundertstel-Millimetern ermöglicht. Der Dreher dreht also das Werkstück vorsichtig ab bis in die Nähe des ermittelten Durchmessers und unter Benutzung seines Tasters, der Schublehre oder der Mikrometerschraube. Ist er auf weniger als 0,1 mm an das gemessene Maß heran, so

---

[1] Hierbei sei des Zolls gedacht (1 Zoll = 1″ = 25,4 mm). Obwohl große Schrauben noch Zollgewinde besitzen, ist dieses Maß sonst völlig abgeschafft. Deshalb kaufe man keine Maßstäbe, die noch neben Meter- eine Zollteilung besitzen.

versucht er, ob die Welle an der Lagerbohrung „anschnäbelt" oder ob sie etwa schon hineingeht. Je nachdem dreht er nach Gefühl so viel herunter, daß sie so leicht geht, wie vorgeschrieben. Zusammengefaßt bedeutet das: Der Dreher mißt in Zehnteln, allenfalls in roh geschätzten Teilen von Zehnteln; er fühlt Hundertstel-, ja Tausendstel-mm-Maßunterschiede, denn Feinmessungen lehren, daß selbst Laienhände genau merken, ob zwei in derselben Bohrung von ihnen hin- und herbewegte Zapfen im Maß um wenige Tausendstel-mm voneinander abweichen, und zwar am „leichteren" oder „strammeren" Gang.

Normallehren. Kaliber. Dieses „Gefühl" nutzt nun die Maschinenfabrikation in folgender Weise aus: Das Werk beschafft sich einen Vorrat von Musterzapfen und Musterbohrungen aus gehärtetem Stahl und aufs genaueste geschliffen. Mit Hilfe der Mikrometerschraube und besonderer Meßmaschinen werden diese Zapfen, die sog. „Kaliberdorne", und die zugehörigen Bohrungen, „Kaliber", ehe sie in die Werkstatt hinausgehen, nachgeprüft, so daß ihre Fehler jedenfalls kleiner als Tausendstel-mm sind. Ihre Genauigkeit ist so groß, daß sie nur in wohl eingefettetem und geputztem Zustand ineinander eingeführt werden dürfen, da nur dann die dünne Fettschicht zwischen Stahl und Stahl verhindert, daß sich die Adhäsionskräfte (deren „Saugen" man deutlich spürt) in Kohäsionskräfte verwandeln, d. h. daß sich die geschliffenen Oberflächen „ineinander fressen".

Mit diesem Hilfsmittel ist es nun möglich, Zapfen und Bohrung getrennt herzustellen und doch die Sicherheit zu haben, daß sie genau passen. Eine Reihe von Wellen mit 100 mm Durchmesser beispielsweise wird so gedreht oder geschliffen, daß es eben möglich ist, das 100er Kaliber über sie zu schieben. Die dazu gehörigen Bohrungen werden in der Bohrerei so genau mit der Reibahle ausgerieben, daß der 100er Kaliberdorn eben in sie hineingesteckt werden kann: dann wird später in der Montagehalle jede Welle in jede aus der Menge gegriffene beliebige Bohrung passen. Trotzdem also nur auf Zehntel-mm gemessen und der letzte Rest an Hundertsteln und Tausendsteln nur gefühlt wurde, ist die Wirkung die gleiche, als hätte man auf Tausendstel genau gemessen.

Sphärische Endmaße. Das System ergibt für große Durchmesser unhandliche Dorne. Man ersetzt sie dann durch die sogenannten „sphärischen Endmaße", d. h. Stahlstäbe, deren Endflächen die Teile einer und derselben Kugeloberfläche sind, deren Mittelpunkt die Mitte der Stabachse ist. Zwei um genaues Maß entfernte Spitzen messen ja falsch, wenn man den Meßstab schief einführt. Diese Möglichkeit ist bei den sphärischen Endmaßen ausgeschlossen, da, in welcher Schräge sie immer die gegenüberliegenden Wandungen berühren, stets die Verbindungslinie der Berührungspunkte Durchmesser einer und derselben Kugel ist.

Rachenlehren. Für große und kleine Ausmaße bedient man sich vielfach der Rachenlehren, die infolge der Bügelwirkung sofort klemmen, wenn man sie etwa gewaltsam über die zu messende Rundung zwängen wollte. Infolgedessen ersetzen sie das bei den Kalibern notwendige Handgefühl durch ihre Gewichtswirkung: ein Drehkörper hat genau den auf der Rachenlehre angegebenen Durchmesser, wenn diese durch ihr eigenes Gewicht langsam über ihn herübersinkt.

Welches sind nun die Vorteile und Nachteile dieses Meßverfahrens? Der größte Vorteil gegenüber den Maßstäben, Tastern, Schublehren und Mikrometerschrauben ist vor allem der, daß die Einstellung des gewünschten Maßes dem Arbeiter abgenommen ist. Die Fehlerquellen durch falsches Ablesen sind dadurch beseitigt. (Dieser grundsätzliche Vorteil bestand übrigens schon bei den alten „Draht- oder Blechlehren", die der Praktikant vielleicht in der Schmiede vorfinden wird.)

Der Messung mit Normalkaliber haften aber zwei große Mängel an: Jeder Mensch hat genaues Gefühl für den Grad der „Leichtigkeit", mit der ein Zapfen in einem Loch „geht". Aber die Benennung dieses Grades ist bei den einzelnen verschieden.

Der zweite Mangel ist mittelbar mit dem ersten verknüpft: Die Grenze für die schließliche Genauigkeit ist fließend; der Arbeiter, um sich vor „Ausschuß" zu bewahren, arbeitet lieber etwas zu genau, genauer, als für den vielleicht ganz einfachen vorliegenden Zweck erforderlich. Zu genaues Arbeiten bedeutet aber Verschwendung: an Zeit, Maschinenkraft und an Lohn. Der Meister vermag nicht zu hindern, daß zu genau, also zu langsam gearbeitet wird, solange er nicht seinen Leuten eine bindende Zusage geben kann: mit dieser Mindestgenauigkeit bin ich zufrieden.

Grenzlehren. Der Mangel des Normallehren-Systems war also das Fehlen einer zweiten, unteren Genauigkeitsgrenze, die mit dem Normalkaliber im Verein einen genauen Spielraum der „zulässigen Ungenauigkeit" gibt. Mit großer Schnelligkeit hat sich daher das „Grenzlehren"-System in den Maschinenfabriken eingebürgert. Unter einer Grenz- oder Toleranzlehre versteht man eine Doppellehre, deren eines Lehrmaß um etliche Tausendstel bis Hundertstel größer ist als das zahlenmäßige Maß der Lehre, während das andere ebenso etwas kleiner ist. Mit Hilfe dieses Kunstgriffes kann nunmehr einfach zur Regel gemacht werden: die „Gutseite" muß über den Zapfen (bzw. in die Bohrung) ohne Zwang gehen, die „Ausschußseite" darf nicht hinüber- bzw. hineingehen. Diese Bedingung erlaubt kein Drehen und Deuteln und hat als Ergebnis eine

Genauigkeit, die sicher keinesfalls geringer ist als die Übereinstimmung beider Lehrenseiten. Durch die Bemessung der Differenz der beiden Seiten hat man den gewünschten Genauigkeitsgrad in der Hand. Dieser ist je nach dem Verwendungszweck des betreffenden Maschinenteiles sehr verschieden. Jede Maschinenfabrik muß die für ihre Erzeugnisse geeignetsten Spielräume aussuchen, was um so leichter ist, als durch die praktische Erfahrung mit den Grenzlehren die früheren Gefühlsbegriffe von „leichtem", „saugendem" und „pressendem" Sitz sich in zahlenmäßig festgelegte Spielräume verwandelt haben. Der Spielraum muß, wie die Erfahrung ergeben hat, nicht ein absolutes Maß, sondern eine bestimmte Beziehung zum Durchmesser haben, weshalb er nicht in mm, sondern in „Paßeinheiten" angegeben wird.

Seit der Einführung der Grenzlehren ist, das darf man wohl sagen, das Hundertstelmm an Stelle des mm als Maßeinheit in den Maschinenfabriken getreten. Dementsprechend haben die letzten dreißig Jahre eine ganz neue Entwicklung der praktischen Meßtechnik gesehen. Vor allem aber war dies deshalb der Fall, weil infolge der immer weitergehenden Einführung von Normen nicht mehr die Austauschbarkeit zwischen den Erzeugnissen der gleichen Fabrik, sondern der gesamten Maschinenindustrie erforderlich ist.

Kontrollehren. Da die Lehren sich abnützen, müssen sie von Zeit zu Zeit mit Normallehren, die überhaupt nicht in die Werkstatt kommen, verglichen werden. Dies erfordert aber praktisch zwei Sätze der äußerst kostspieligen Lehren. Selbst dann ist man noch nicht sicher, daß sich nicht selbst die Kontrollehren allmählich abnützen, besonders die für die gängigsten Maße.

Meßmaschinen. Das beste Kontrollmittel bleibt die Meßmaschine. Jede größere Maschinenfabrik, die austauschbare Arbeit liefern muß, besitzt daher wohl heute eine Meßmaschine zur letzten Kontrolle der Lehren. Dem Praktikanten kann nur empfohlen werden, sich von dem Betriebsleiter über diese Maschine einmal einen kurzen Anschauungsunterricht zu erbitten.

In diesem Zusammenhang ist es wichtig, daß der Praktikant sich noch über die folgenden beiden Grundbedingungen der absoluten Austauschbarkeit klar ist: Um sich über Passungen verständigen zu können und auch zwischen verschiedenen Fabriken Austauschbarkeit von Teilen gewährleisten zu können, ist eine Einigung über zwei Punkte erforderlich:

1. die Bezugstemperatur,
2. die Frage, ob Einheitswelle oder Einheitsbohrung.

Bezugstemperatur. Seit der Normung beziehen sich die im Handel erhältlichen Lehren auf 20^0 C. Mit Rücksicht auf die unvermeidliche Einwirkung von Wärme (Ausdehnung) war diese Festlegung notwendig, denn bei der Genauigkeit von Bruchteilen von Tausendstel-mm, auf die es hier ankommt, machen diese Unterschiede, besonders bei großen Maßen, viel aus.

Einheitsbohrung, Einheitswelle. Das System „Einheitsbohrung" geht davon aus, daß die Bohrung für alle Passungen stets gleich ausgeführt wird, während der Zapfen oder die Welle, die in sie hineingepaßt werden sollen, je nachdem, wie fest sie sitzen oder wie leicht sie laufen sollen, einen entsprechend kleineren oder größeren Durchmesser erhalten; ein in eine Bohrung von 50 mm Durchmesser hineinzupressender Zapfen würde demnach etwa das Maß „50+0,05" erhalten; eine Welle, die leicht in einer solchen Bohrung laufen soll, würde mit „50—0,05" zu bemessen sein.

Anderseits wird beim System „Einheitswelle" für die Welle stets der gleiche Durchmesser beibehalten. Im obigen Beispiel würde demnach Zapfen und Welle jedesmal 50 mm dick sein, während die Bohrung im Falle des Preßsitzes „50—0,05", im Falle des leichten Laufsitzes oder -spieles „50 + 0,05" weit zu machen wäre.

Beide Systeme haben ihre Vor- und Nachteile. Häufig verdanken sie ihre Wahl wirtschaftlichen Erwägungen. So wird man z. B. bei leichten Transmissionen oder landwirtschaftlichen Maschinen, wo Wellen aus gezogenem, also nicht gedrehtem Stahl vorkommen, „Einheitswelle" bevorzugen. Sonst müßte ja die Welle Abstufungen besitzen, also bearbeitet werden.

DIN-Paßsystem, ISA-Paßsystem. Die Normung der Toleranzen durch den Deutschen Normenausschuß führte zum DIN-Paßsystem, das die vier Gütegrade edel, fein, schlicht und grob unterscheidet. 1 Paßeinheit ist dabei $= 0,005 \sqrt[3]{D}$. Inzwischen hat sich das ISA-Paßsystem stark durchgesetzt, das von dem internationalen Zusammenschluß der Normenausschüsse stammt (International Federation of the National Standardizing Associations). Das ISA-Paßsystem hat statt der Gütegrade 16 Qualitäten. Die internationale Toleranzeinheit ist $= 0,000\,45 \sqrt[3]{D} + 0,000\,001\,D$. Der Hauptvorteil des ISA-Systems ist die regelmäßige Stufung der Qualitäten: jede Toleranzenreihe ist um 60% gröber als die vorige.

Gewindelehren. Neben die Lehren für Rundkörper und Bohrungen treten noch die für andere wichtige Genauigkeitskurven, so vor allem die für Gewinde, bei denen man gleichfalls Gewindelehrdorne und Gewindelehrmuttern in Ringform unterscheidet. Mit ihnen müssen naturgemäß die Profile der zugehörigen Gewindestähle oder Gewindestrehler absolut übereinstimmen.

Der eigenhändige Gebrauch aller dieser Meßwerkzeuge macht ja den Praktikanten bald völlig vertraut mit den kleineren Nebenerfahrungen, die hier nicht erwähnt werden können und sollen.

Kontrollieren. Nach den einzelnen Arbeitsgängen werden die Werkstücke meist geprüft. Wo zwischen die Abteilungen ein „Lager" oder „Magazin" eingeschaltet ist, läßt sich hiermit leicht eine Kontrolle verbinden. Diese Tätigkeit der „Revisoren" setzt große Zuverlässigkeit und Pflichttreue voraus. Oft wird die Maßhaltigkeit gleich in der Werkstatt an der Maschine geprüft. Bei Massenartikeln beschränkt man sich auf Stichproben, an deren Ausfall zu erkennen ist, ob die Stähle an den Automaten nachgestellt werden müssen usw.

Beobachtungswinke

Werkzeuge und Vorrichtungen.

Fühlhebel	Parallelstücke	Anschlagleisten
Tiefenlehren	Anreißplatten	Meßuhren
Prismenstücke	Tuschierplatten	Parallel-Endmaße

19. Verbinden und Trennen von Teilen

Eine besondere Stellung in der Fertigung von Maschinen nimmt das Zusammenfügen der einzelnen Teile, die Montage, ein. Hierzu werden im allgemeinen die Werkstücke in lösbare oder unlösbare Verbindung zueinander gebracht. Diese Arbeiten finden teils innerhalb der Werkstätten zwischen zwei Arbeitsgängen statt, teils hat man eigene Abteilungen für sie schaffen müssen.

Schweißarten. Beim unlösbaren Schweißen unterscheidet man: Preß - schweißen mit Erhitzen bis zum teigigen Zustand, dann Verbinden unter Druck (Hammerschweißen, elektrisches Widerstandsschweißen), und Schmelzschweißen mit Verbindung in flüssigem Zustand (Gasschweißen, elektrische Lichtbogen- und Thermitschweißung).

Feuerschweißung. Das älteste Verfahren ist das Feuer- oder Hammerschweißen, wobei die zu verbindenden Teile im Schmiedefeuer erhitzt werden.

Das Schweißen besteht in einer Näherung der Moleküle zweier getrennter Körper auf so große Nähe und unter so vollkommener Ausschaltung von Fremdkörperteilchen, daß die Kohäsionskräfte, die die einzelnen Schichten eines homogenen Körpers untereinander verbinden, auch zwischen den beiden Schweißoberflächen wirksam werden. Die erforderliche, im molekularen Maßstab gemessene innige Annäherung hat zwei Voraussetzungen: Jede Oberfläche, und mögen wir sie noch so glatt schleifen, bleibt doch, im mikroskopischen Größenmaß betrachtet, uneben. Infolgedessen berühren sich zwei solche „genauen Ebenen" nur mit ihren Gipfeln, nur mit einzelnen Punkten. Adhäsionskräfte treten wohl auf, aber Kohäsion entsteht noch nicht. Infolgedessen muß man die Oberflächen bildsam machen und fest aufeinanderdrücken; dann platten sich die Berge ab, und die Unebenheiten greifen ineinander. Das heißt, wir müssen die beiden Schweißflächen hochgradig erwärmen und unter Presse oder Hammer aufeinanderpressen. Dieses Verfahren kann man nur anwenden, wenn die zu verbindenden Stoffe keinen scharfen Schmelzpunkt haben, sondern beim Erhitzen allmählich erweichen wie z. B. Stahl, Kupfer, Platin und Glas. Die zu verbindenden Schweißflächen müssen metallisch rein sein, d. h. es dürfen sich keine Fremdkörper zwischen ihnen befinden. Jedes hoch erhitzte Eisen, und mag es vorher noch so sorgsam gereinigt, ja abgebeizt sein, „beschlägt" dennoch bei der kürzesten Berührung mit dem Luftsauerstoff mit Eisenoxyd oder -oxydul, dem bekannten Zunder oder Hammerschlag.

Das einzige Mittel, diese Bestandteile für die Schweißung unschädlich zu machen, ist neben der Vorbedingung an sich gesäuberter Schweißfläche und schnellsten Vollzuges der Kniff, daß man sie dünnflüssig macht, so daß sie beim Aufeinanderpressen der beiden Oberflächen seitlich herausgespritzt werden. Bei der Schweißtemperatur (Weißglut) sind nun leider die Eisenoxyde noch fest. Deshalb ist notwendige Zutat jeder guten Schweißung ein pulverförmiger Stoff, der bei der Schweißhitze sich mit Eisenoxydul zu einer flüssigen Verbindung chemisch verbindet. Diese „Schweißpulver" bestehen in der Hauptsache aus Kieselsäure (Quarzsand); vielfach enthalten sie daneben noch Borax, Potasche, Soda, Kochsalz, Salmiak, Flußspat, Glas.

Thermitschweißung. Einen grundsätzlich anderen Weg, den der chemischen Wärmeentwicklung und Schweißung, stellt das Thermit-Schweißverfahren dar. Sein Hilfsmittel, das „Thermit", ist ein Gemisch von Eisenoxyd mit Aluminiumpulver und läßt sich mit einem Streichholz entzünden. Es entwickelt bei der Verbrennung eine Temperatur von etwa 3000° C, die aber dem Eisen nichts schadet, da es, vor Luft geschützt, ganz in „Thermit" eingebettet liegt. Aluminium + Eisenoxyd setzt sich chemisch zu Eisen + Aluminiumoxyd um (Tonerde). Das sich bildende kohlefreie Eisen verschmilzt mit den Schweißenden zu einem Ganzen. Wegen der flüssigen Form des Eisens ist kein Hämmern nötig. Am häufigsten wendet man das Verfahren bei Schienenstößen an.

Gasschmelzschweißung. Bei dem Gasschmelzschweißen verwendet man Flammen, die bei der Verbrennung einer Mischung aus Sauerstoff und Wasserstoff, oder aus Sauerstoff und Azetylen entstehen. Zu einer Azetylen-Anlage gehört ein Gasentwickler, in dem aus Kalzium-Karbid mit Hilfe von Wasser Azetylen-Gas entwickelt wird. Man kann das Azetylen auch als sogenanntes Dissousgas (in Azeton gelöst) in Stahlflaschen beziehen. Das Sauerstoffgas wird ebenfalls in den weitaus meisten Fällen Stahlflaschen entnommen. Wegen der Explosionsgefahr ist sorgfältige Behandlung und Beachtung der Arbeitsvorschriften erforderlich. Aus demselben Grunde muß jeder Entwickler mit einer „Wasservorlage" ausgestattet sein, die sicher und zuverlässig das Übergreifen einer Flamme vom Brenner zum Gasbehälter sowie das Eindringen von Luft verhindern soll. Der Sauerstoff wird im allgemeinen Stahlflaschen entnommen, in denen er unter hohem Druck befördert wird. Besondere Beachtung verdienen die Flaschen- und Druckminderventile. Gas- und Wasserstoff werden in getrennten Schläuchen dem „Schweißbrenner" zugeführt und ihre Zuflußmenge durch Druckveränderung geregelt.

Falls es den Praktikanten gestattet wird, selbst etwas zu schweißen, ist dieses Experiment sehr empfehlenswert. Es liefert nämlich einen Anhalt, wie aufmerksam und gewissenhaft ein Schweißer arbeiten muß. Dem Anfänger werden im allgemeinen statt sauberer Verbindungsnähte mehrere Löcher unterlaufen oder die Bleche werden sich vorzeitig krümmen und werfen.

Widerstandsschweißung. Beim elektrischen Widerstandsschweißen geschieht die Umwandlung in Wärmeenergie durch den inneren Widerstand der im Stromkreis liegenden Werkstücke und durch den Übergangswiderstand an der Vereinigungsstelle. Daher werden die Teile in den stromführenden Spannklauen (Elektroden) je nach Leitfähigkeit und Querschnittsverhältnis der Werkstücke kürzer oder länger eingespannt, damit an der Vereinigungsstelle von beiden Seiten her gleichmäßig hohe Temperatur herrscht.

Man kann nach diesem Verfahren stumpf schweißen, um Querschnittsflächen an Stangen usw. zu verbinden oder punktförmig um heftartig, zwei aufeinander gelegte Bleche zu verbinden, endlich kontinuierlich, wenn die Blechnaht gleichmäßig dicht sein soll. Entsprechend sind die Elektroden ausgebildet: nur als Spannklauen oder als Spitzen bzw. Rollen.

Die Schweißmaschinen enthalten alle einen Transformator, um die Spannung auf 2...15 Volt herabzusetzen, und Kühlvorrichtungen, um den Verschleiß der kupfernen Elektroden gering zu halten. Der Strom muß stets rechtzeitig unterbrochen werden, jedenfalls ehe durch Fußhebel die Elektroden abgehoben sind. Wichtig sind gute Vorbereitung der Werkstücke und Rücksichtnahme bei der Konstruktion, denn der Ingenieur muß aus seiner Werkstatterfahrung gelernt haben, wo die Anwendungsgrenzen liegen, welche Querschnitte günstig sind und wie man das Ausbeulen und Verziehen der Bleche verhindert.

Lichtbogenschweißung. Beim elektrischen Lichtbogenschweißen wird durch die hohe Temperatur des Lichtbogens die Erwärmung besonders stark örtlich begrenzt, so daß die Gefahr unzulässiger Spannungen im Werkstück gering ist; man wendet es daher vielfach bei Gußstücken an.

Durch das Zuführen von fehlendem Werkstoff (Schweißdraht) kann man Blasen und kleine Lunker in Gußstücken ausfüllen und diese Stücke, die sonst Ausschuß wären, retten. Auf ähnliche Weise ersetzt man Werkstoffverschleiß bei abgefahrenen Radkränzen, Schienenbögen und -kreuzungen (Auftragsschweißung).

Beim Verbinden von Teilen ist auch hier wieder gute Vorbereitung der Werkstücke nötig (richtiges Abschrägen), damit der Zusatzstoff die Lücke gut ausfüllen kann (ein- oder mehrlagige „Schweißraupe"). Als Zusatzstoff nimmt man blanke oder umhüllte Elektroden; die Stoffe in der Umhüllung sollen den Spritzverlust verringern und eine saubere Schweiße gewährleisten. Es kann sowohl mit Gleichstrom wie mit Wechselstrom geschweißt werden. Demgemäß braucht man einen regelbaren Schweißumformer (meist fahrbar, um ihn an schwere Werkstücke heranzubringen) oder einen Transformator für eine Spannung von 15... 60 Volt.

Die Lichtbogenschweißung ist auch wichtig für Reparaturen an gebrochenen Maschinenteilen. Ist die Zerstörung örtlich begrenzt, so läßt man das kranke Stück an sich kalt (Gußeisenkaltschweißung). Zur Erhöhung der Festigkeit verstärkt man die Schweißstelle oft mit vorher eingelegten Stiften oder Klammern. Bei größerem Schaden und sobald es auf größte Gleichmäßigkeit des Gefüges ankommt, muß der gesamte Gußkörper angewärmt werden, ehe man schweißt (Gußeisenwarmschweißung).

Die elektrischen Schweißverfahren haben im Maschinenbau, dank ihrer Sauberkeit und Zuverlässigkeit, einen immer größeren Umfang angenommen, vor allem aber auch, wo die Schweißarbeiten in großer Menge ausgeführt werden, wegen der damit verbundenen bedeutenden Ersparnis.

Hartlöten. Eine immer noch recht große Rolle spielt das Verbinden durch Löten. Man trifft je nach Schmelzpunkt, Festigkeit und Farbe die Auswahl unter den verschiedenen Loten. Der Maschinenbau bedarf im allgemeinen eines verhältnismäßig festen, harten Lotes, das auch leichte Stöße und Schläge noch aushält. Als Hartlot für Stahlteile eignet sich Kupfer- oder Messinglot (auch Schlag- oder Strenglot genannt), in besonderen Fällen Silberlot.

Schmelzpunkt des Kupferlöts 1050⁰,
Schmelzpunkt des Messinglots je nach Kupfergehalt zwischen 620⁰ und 810⁰,
Schmelzpunkt des Silberlots je nach Silbergehalt zwischen 630⁰ und 780⁰.

Das Lot wird entweder in Form von Drähten, Blechstreifen oder in gekörntem Zustand (granuliert) verwendet. Zur Reinigung der Lötstelle verwendet man Borax oder gestoßenes Glas. Die Silberlote zeichnen sich durch ihre besondere Dünnflüssigkeit aus.

Weichlöten. Für Lötungen, die nicht so großen Krafteinwirkungen ausgesetzt sind (Blechfugen u. ä.), wird Weichlot verwandt, das aus

Zinn-Bleilegierungen in verschiedensten Zusammensetzungen besteht. Sein niedriger Schmelzpunkt (180 bis 250⁰) macht es auch für das Löten leicht schmelzender Legierungen besser geeignet.

Das Lot muß stets einen niedrigeren Schmelzpunkt haben als die zu lötenden Metalle, denn seine Wirkung beruht in einer nur oberflächlichen leichten Verschmelzung mit den gelöteten Metallen.

Voraussetzung guter Lötung ist wie beim Schweißen eine metallisch reine Oberfläche, die durch Feilen unmittelbar vor dem Löten und durch Abätzen erzielt wird. Die gebräuchlichen Ätzmittel sind Salzsäure, Lötwasser (Zink in Salzsäure gelöst). Diese Mittel darf man aber nur verwenden, wenn die Lötstelle nachher einwandfrei (am besten mit heißem Sodawasser) gereinigt werden kann, denn sie rufen auf Eisen Rost, auf Messing und Kupfer Grünspan hervor. Beim Weichlöten empfindlicher Teile verwendet man deshalb Kolophonium (meist aufgelöst in Spiritus) oder Salmiak. Die beim Löten sich entwickelnden Dämpfe sind, wie hieraus ersichtlich, häufig gesundheitsschädlich.

Nieten. Zu den Verbindungen, die nicht eine Verankerung im Gefüge der Werkstoffe darstellen, sondern auf Pressung und Reibung beruhen, gehören Nieten und Schrumpfen. Über das Nieten ist im Abschnitt 11, Schmiede, bereits Näheres gesagt, so daß hier darauf verwiesen werden kann.

Schrumpfen. Das Schrumpfen stellt wohl die festeste der lösbaren Verbindungen dar. Die beiden Teile werden so bemessen, daß sie kalt nicht aufeinanderpassen. Erst durch Erwärmen des Äußeren lassen sie sich zusammenfügen und halten dann durch die Spannung beim Erkalten fest. Anwendung hauptsächlich bei Radreifen und großen Zahnrädern.

Schrauben. Zu den lösbaren Verbindungen zählen vor allem die Schrauben. Sie müssen mit besonderer Aufmerksamkeit „studiert" werden. Über die verschiedenen Arten des Gewindes, über ihre Formen sowie über die Form ihrer Muttern muß von dem jungen Ingenieur bereits bei dem Eintritt in das Fachstudium völlige Klarheit verlangt werden. Insbesondere ist wertvoll, wenn man aus eigener Erfahrung den großen Unterschied zwischen Paß-, Durchsteck- und Stiftschrauben kennt und den Grad der Zuverlässigkeit, mit der sie ihre Aufgabe erfüllen können. Es empfiehlt sich, daß man sich mit den Monteuren über die verschiedenen Sorten von Schraubensicherungen und ihre praktischen Erfahrungen damit unterhält. Selbst ein so unscheinbares und alltägliches Ding, wie ein Schraubenschlüssel, ist von großer Wichtigkeit für den Konstrukteur: denn besonders der Anfänger im Konstruieren pflegt den Platz, den das Anziehen der Muttern mit dem Schlüssel mindestens erfordert, leicht zu knapp zu bemessen.

Keile. Eine weitere Art der lösbaren Verbindungen ist die Verkeilung.

Mit ihr befestigt man Räder auf Wellen und Achsen. Die Herstellung von Nut und Keil, ihr Zusammenpassen, die Montage und vor allem die Demontage sind Dinge, deren genaueste Kenntnis von dem Praktikanten unbedingt erworben werden muß.

Trennen. Im Gegensatz zum Verbinden findet das Trennen von Teilen meist vor allen mechanischen Arbeitsprozessen statt. Es liefert entweder von Stangen oder Profilstahl kurze Stücke als Ausgangsform (Rohling) in die Schmiede bzw. mechanischen Werkstätten oder gibt einem Ausschnitt aus einer Blechtafel Umrisse beliebiger Gestalt. Wenn geschnitten wird, tritt ein gewisser Werkstoffverlust ein (z. B. durch die Dicke der Kreissäge), beim Abscheren wird das Werkstück dagegen am Rand gequetscht und bekommt einen unerwünschten Grat.

Abscheren. Das Arbeitsverfahren des Abscherens, soweit Stanzpressen benutzt werden, ist bereits in Abschnitt 12 behandelt. Hier seien deshalb nur die Scheren kurz erwähnt. Von der Hebelschere für kleine Teile bis zu der größten Tafelschere findet man sie in jeder Stahlkonstruktionswerkstatt. Die großen Scheren haben einen breiten Tisch zur Auflage der Blechtafeln; beim Schneiden drückt ein Halter die Tafel fest auf den Tisch. (Schon bei jeder Handblechschere kann man beobachten, daß das Blech die Neigung hat, sich zu drehen und zwischen die Messer zu rutschen.)

Erwähnt sei noch, daß viele Scheren Löcher besitzen, in denen ∟-, ⊔-, ⊥ -Stahl geschnitten werden können.

Sägen. Beim Sägen ist zu unterscheiden, ob das Material dabei warm oder kalt ist. Warmsägen gibt es hauptsächlich in Walzwerken, wo sie die Schienen und Profileisen nach dem letzten Walzstich gleich auf Länge schneiden. Die Kaltsägen in Form von Bogensägen mit Handbetätigung kommen in jeder Schlosserei vor. Sie werden natürlich für größere Stücke mit Kraftantrieb versehen. Ihre Ausnutzung ist schlecht, da der Bügel mit dem Sägeblatt meist gleich langsam hin und her geht, gleichgültig, ob bei rundem Werkstück der Schnitt gerade begonnen hat oder schon in der breiteren Mitte des Querschnittes angelangt ist. Für das ständig vorkommende Abschneiden runder Stücke für die Dreherei sind daher an die Stelle von Sägen die Abstechbänke getreten. Weit verbreitet ist das Trennen mit Kreissägen. Im Grunde ist eine Kreissäge nichts anderes als ein sehr dünner Walzenfräser. Zum Schneiden großer Querschnitte nimmt man Kreissägen mit eingesetzten Zähnen. Bei neueren Maschinen ist der Vorschub so geregelt, daß er sich jeweils dem Widerstand des Werkstoffes anpaßt, also alle Teile des Querschnittes gleich wirtschaftlich bearbeitet werden. In manchen Fällen findet man in Maschinenfabriken auch Band-

sägen, die natürlich kräftiger gebaut sind als solche für Holzbearbeitung,
auch haben sie bedeutend geringere Schnittgeschwindigkeit.

Schneiden. Mit Gasflammen kann man Metallblöcke erheblicher
Dicke schneiden. Der Schneidbrenner weist neben den Teilen eines gewöhnlichen Schweißbrenners noch ein besonderes Rohr auf, durch das
Sauerstoff unter hohem Druck zugeführt wird. Mit der Flamme des
Schweißbrenners wird der Werkstoff erhitzt, und durch die Flamme
reinen Sauerstoffes wird dann der Stahl verbrannt, so daß ein Schlitz
von 1 bis 2 mm entsteht. Aus dieser Wirkungsweise folgt, daß der
Schneidbrenner immer nur in Richtung Sauerstoffdüse-Vorwärmflamme
bewegt werden darf. Um einen gleichmäßigen Abstand vom Werkstück
zu haben, der für die Güte der Schnittfläche sehr wichtig ist, setzt man
den Schneidbrenner auf Rollen. Wird er noch an einem Zirkel befestigt,
so kann man leicht runde Scheiben aus Platten ausschneiden. Für immer
wieder vorkommende Arbeiten werden Maschinen gebaut, die automatisch beliebig geformte Stücke ausschneiden. Dies geschieht durch eine Art
Storchschnabelkonstruktion mit Schablone.

Reibsägen. Ein anderes Verfahren des Trennens beruht ebenfalls wie
beim Schneidbrenner auf Verbrennung, aber nicht durch zugeführte Hitze,
sondern durch Reibung. Das Werkzeug ist lediglich eine Stahlscheibe mit
leicht aufgerauhtem Rand, die bei hoher Drehzahl mit Druck gegen die
abzuschneidende Stange geführt wird. Die Reibung am Scheibenumfang
ist so groß, daß die nächstliegenden Metallteilchen in verbranntem Zustand fortgeschleudert werden.

20. Schlosserei, Montage, Verschönerung, Verpackung

Wert der Handfertigkeit. Der Aufenthalt in Schlosserei und Montage
hat andere Zwecke und ein anderes Gesicht als der Aufenthalt in den bisher
besprochenen Werkstätten. Stand in diesen die Erlernung des rein Handwerksmäßigen und der Handgriffe bei aller Erwünschtheit doch an
zweiter Stelle, so überwiegt hier die Notwendigkeit, die Hand-
fertigkeiten zu erlernen. Es dürfte wenige Ingenieure geben, die die
eigenhändige Ausübung des Schlosserhandwerkes nie gebraucht und denen
besondere Fertigkeit darin nicht sehr willkommen gewesen wäre. — Diesen
Unterschied will auch die Art der Besprechung in diesem Buche berücksichtigen, indem sie weit weniger eingehend sein soll.

Handarbeit und Nacharbeit. Wenn sich der Praktikant einmal ein paar
Tage abgemüht hat, Handbohrungen oder Gewindeschneiden mit der

„Knarre" oder „Ratsche" auszuführen, so wird er genau zu schätzen wissen, welchen Zeitaufwand und welche Mühe, d. h. welche Kosten es verursacht, wenn Bohrungen so angeordnet werden, daß sie nur mit der Hand ausgeführt werden können, und wird sich doppelt bemühen, sie zu vermeiden. Und wenn der Praktikant mit durchgemacht hat, wieviel Ärger, Lauferei und Zeitverlust eine Unachtsamkeit der Konstrukteure in ganzen „Kleinigkeiten" verursachen kann, so wird er bei späterer eigener konstruktiver Tätigkeit den Wert solcher Kleinigkeiten von vornherein richtig einschätzen. Erst die umständliche Probiererei und Nacharbeit mit den unverhältnismäßig großen Kosten, die sie verursacht, wird ihm in vollem Umfang beweisen, welchen Wert genaues Arbeiten in den mechanischen Werkstätten hat.

Noch ein anderes lehrt aber die handwerksmäßige Vertiefung hier: Nirgends wird so viel „gepfuscht" und „gemogelt" wie in der Montage — sehr zum Schaden des Rufes des Fabrikats, wenn das Pfuschen überhandnimmt. Neben Überwachungspflicht der Werkstattleitung muß auch die Überwachungsfähigkeit des Ingenieurs stehen. Der Ingenieur muß bei genauer Prüfung die Pfuscherei aufzudecken und nachzuweisen imstande sein, er darf sich nichts „vormachen" lassen. Das würde sein Ansehen schädigen und ihn im entscheidenden Augenblick völlig in die Hand des Monteurs geben. Solche Fähigkeit ergibt sich aber nur durch mühevolle, beharrliche Selbstarbeit.

Dichtungen. Neben dem Zusammenfügen von Einzelteilen in der Montage ist noch ein Gebiet von allgemeinster Bedeutung: das Dichten der Verbindungsfugen gegenüber gepreßten Flüssigkeiten oder Gasen. Man unterscheidet bewegliche Dichtungen (Stopfbüchsen) und unbewegliche. Das Packen einer Stopfbüchse ist eine Sache, die jeder Ingenieur verstehen muß, wenn er die Bedeutung ihrer Zugänglichkeit, Wärme und Wirksamkeit richtig einschätzen soll. Als feste Dichtungen dienen Asbest, Klingerit, Gummi, Leder, Hanf, vor allem aber Metalle, wie Kupfer, Messing, Blei. Je nach dem Fabrikationsgegenstand seiner Lehrwerkstätte wird der Praktikant die eine oder andere kennenlernen.

Eine Art der Dichtung ist aber von allgemeinster Bedeutung und ihre praktische Kenntnis für gute Konstruktion wesentliche Voraussetzung, das ist die Dichtung ohne Dichtungspackung: das Einschleifen. Der Leser versäume nicht, sich über diesen Vorgang durch Anschauung zu belehren.

Schaben. Ein verwandtes Gebiet ist das Aufpassen von Fläche auf Fläche, das oft noch von Hand durch Schaben geschieht. Es ist für die Beobachtung der Formänderung des scheinbar so starren Baustoffes sehr lehrreich, und seine Langwierigkeit und vor allem seine von vornherein nicht vorauszusehende Dauer dürften eine eindringlichere Sprache zu dem Praktikanten reden als der beste Vortrag des Professors auf der Hochschule, wie ungeheuer wichtig es ist, so zu konstruieren, daß das Schaben womöglich ganz wegfällt.

Verschönern. Mit dem Zusammenfügen der Einzelteile zur fertigen Maschine ist die Kette von Arbeitsgängen, denen jedes Werkstück unterliegt, noch nicht geschlossen. Die mechanisch bearbeiteten und zusammengesetzten Erzeugnisse des Maschinenbaues machen noch einen Probelauf durch und werden verschönert, ehe an die Verpackung und den Versand zu denken ist. Man schätze die Verschönerung nicht zu gering ein; abgesehen von der stärkeren Werbekraft einer schmuck aussehenden Maschine ist der Farbanstrich gerade für die Erhaltung und zweckmäßige Pflege von Wichtigkeit. Der Praktikant wird daher feststellen, daß fast ausnahmslos vor dem Verlassen des Werkes unsere Maschinen und Apparate im Aussehen verschönert werden. Andererseits vermeiden wir natürlich heute jede überflüssige Arbeit und verzichten zunächst auch auf manche Verschönerung.

Spachteln. Die Gußoberfläche von Maschinengehäusen, Rahmen, Lagerböcken und dergleichen ist zu rauh, als daß durch Auftragen von Farbe eine gleichmäßige glatte Außenhaut entstehen könnte. Man ist daher gezwungen, Gußteile an ihren hervortretenden Teilen, die das Auge sofort erfaßt, zu glätten. Man „spachtelt“ diese Flächen mit einem dicken, ton- und schieferhaltigen Brei, der sich, wenn er genügend getrocknet ist, leicht zu einer brauchbaren, ebenen Haut schleifen läßt. Diese kann man nun anstreichen und damit den fertigen Erzeugnissen jenen meist hellgrauen Ton verleihen, der sie sofort von jeder alten, öligen Maschine unterscheidet.

Galvanisieren. Im Apparatebau und besonders in der Feinmechanik ist eine Verschönerung häufig schon vor dem eigentlichen Zusammenbau notwendig. Viele Teile sind hier, teils des Aussehens, teils der Haltbarkeit wegen zu galvanisieren. Die Bäder und ihre Sonderheiten zu beschreiben, ist nicht Aufgabe des Buches. Deshalb sei nur gesagt, daß außer dem Verchromen, Verzinken und Versilbern durch mehrfaches Galvanisieren in verschiedenen Bädern mit nachfolgendem Scheuern schöne Farbtöne erzielt werden können (Altkupfer, Altbronze usw.). Auch ist bemerkenswert, daß neben den ruhenden Bädern, wo alle Teile Stück für Stück eingehängt und herausgenommen werden müssen, umlaufende Trommeln (für Massenteile) und Bäder mit durchlaufender Kette (fließende Fertigung) in Gebrauch sind. Zum dauerhaften Halt der dünnen Metallhaut ist eine vollkommen reine Oberfläche erforderlich. Aus diesem Grund werden die Teile vorher in Säuren gebeizt (gefährlich wegen der entstehenden Gase!). Oft werden sie mit Trichloräthylen entfettet. Durch kräftiges Putzen mit Tuch (umlaufende Lappen, die zu Scheiben gepreßt sind) verleiht man den Stücken Glanz. Dieses Putzen, das mit starker Staubentwicklung verbunden ist, nennt man Schwabbeln oder Polieren.

Lackieren. Wo irgend möglich, ersetzt man das teure Galvanisieren durch einen ebenso dauerhaften Lackanstrich. Soll der Oberflächenschutz farblos sein, benutzt man den weit verbreiteten Zaponlack, im übrigen farbige Lacke. Für rohe Zwecke genügt ein Eintauchen in die Farbwanne, worauf überschüssiger Lack abträufelt. Es ist klar, daß dies Verfahren keine gleichmäßige Oberfläche liefern kann. Deshalb ist es für höhere Ansprüche ungeeignet. Das Auftragen mit dem Pinsel ist weitgehend durch das „Spritzen" verdrängt. Der Lack befindet sich dabei in der „Spritzpistole" und wird durch Preßluft in fein zerstäubter Form aufgetragen. Der Vorzug liegt in der tadellosen Gleichmäßigkeit und der Ersparnis, da man mit bedeutend weniger Lack eine bessere Oberfläche erzielt als beim Tauchen. Allerdings müssen dabei die Lungen durch Absaugen der überschüssigen Farbnebel mit Vorrichtungen an den Arbeitsplätzen oder durch Masken mit Schwebstoff-Filtern gegen Schäden geschützt werden.

Verpacken. Schließlich kommen die zusammengebauten Maschinen oder ihre Einzelteile in die „Expedition", wo sie in Kisten und Waggons oder Lastwagen verpackt werden. Unsachgemäße Verpackung kann dem liefernden Werk große Unannehmlichkeiten einbringen. Nicht nur, daß alle blanken Teile sorgfältig durch Einschmieren vor Rost geschützt werden müssen — bei weiten Transporten, besonders nach Übersee, ist es meist erforderlich, die Maschine in einen dichten Holzkasten einzupacken; eine gewiß teure Maßnahme, um die man aber nicht herumkommt. Für kleine Teile hat man die zweckmäßigste und wirtschaftlichste Verpackung wissenschaftlich untersucht, denn bei hohen Stückzahlen machen sich Ersparnisse natürlich stärker bemerkbar als bei gelegentlichen Sonderbestellungen. Eine Grenze ist dem Versand großer Maschinen, Kessel und Stahlkonstruktionen aber gesetzt, das ist die Leistungsfähigkeit unserer Verkehrsmittel. Bei der Eisenbahn zwingt das „Lademaß" schon bald zum Versand in Einzelteilen. Man sieht, daß es oft von der letzten Bearbeitung mit dem Stahl bis zum Laufen der Maschine noch zahlreiche Schwierigkeiten geben kann — Arbeiten, die der Ingenieur nicht dem Kaufmann überlassen soll, sondern die ihn selbst angehen, die er allerdings noch häufig durch verbesserte Konstruktion überwinden kann.

Beobachtungswinke

Wie entscheidet der Schlosser, ob das Schleifen eines „Sitzes" lange genug angedauert hat?

Was sind Paßstifte? Wann werden sie eingebracht, und wie kann man sie bei der Demontage herausbekommen?

Welchem Zweck dienen Paßringe?

Wie werden Stiftschrauben ein- und ausgeschraubt?

Welchen Zweck haben Abdrückschrauben?

Wie werden beim Beginn einer Maschinenmontage die Hauptachsen festgelegt?

Aufspannen von Kolbenringen.

Einbringen eines Kolbens in die Zylinderbohrung.

Wie weit kann die Bearbeitung sehr schwerer Stücke mit ortsveränderlichen Werkzeugmaschinen bei unverrückt bleibendem Stück getrieben werden?

Werkzeuge und Vorrichtungen:

Körner	Spitzkloben	Scharnierfeilen	Spitzbohrer
Durchschläge	Flachzangen	Nadelfeilen	Spiralbohrer
Schraubenzieher	Lochscheren	Reibahlen	Metallsägen
Verstellbare Mutter-	Kreuzmeißel	Flachschaber	Hammerlötkolben
schlüssel	Flachmeißel	Hohlschaber	Spitzlötkolben
Vierkantschlüssel	Locheisen	Prismenschaber	Lötlampen
Steckschlüssel	Bastardfeilen	Versenker	Senklote
Schneidkluppen	Barettfeilen	Zentrumbohrer	Dosenlibellen
Reifkloben	Vogelzungen	Gasrohrschraubstöcke	

21. Werkstätten im Elektromaschinenbau und der Fernmeldetechnik

Die Fertigung in der elektrotechnischen Industrie und in der Fernmeldetechnik hat dieselben Grundlagen wie der allgemeine Maschinenbau. Deshalb ist auch für die Praktikanten, die sich später diesen Studienrichtungen widmen wollen, zunächst die gleiche Ausbildung vorgesehen wie für jene. Wenn die allgemeinen Arbeitsverfahren genügend beherrscht werden, ist natürlich eine Beschäftigung in den Fertigungswerkstätten der Fachgebiete am Platze, und es wird daher in den Richtlinien für die praktische Ausbildung empfohlen, für die Arbeit nach dem Vorexamen bzw. in den Ferien Fabriken aufzusuchen, die sich mit Erzeugnissen des Elektromaschinenbaues oder der Fernmeldetechnik befassen.

Einfluß auf die Konstruktion. Einmal treten zu den Konstruktionsregeln des allgemeinen Maschinenbaues noch gewisse Rücksichten, die sich aus den Anforderungen in elektrischer Hinsicht ergeben. Anderseits wird die Fertigung beeinflußt durch die kleinen Abmessungen vieler Teile in der Feinmechanik, durch besondere Werkstoffe, die der Großmaschinenbau nicht kennt, woraus sich nun die verschiedenen Verfahren entwickelt haben. Die wichtigsten Punkte, worauf der Praktikant in diesen Werkstätten achten muß, seien deshalb kurz angeführt.

Rücksicht bei Werkstoffwahl. Aus den elektrischen Eigenschaften, die eine Maschine haben soll, ergeben sich zunächst Rücksichten bei der Werkstoffwahl. Für die Kraftlinien haben die Eisen- und Stahlsorten eine verschieden hohe Durchlässigkeit (Permeabilität). Durch Benutzung von Stahl ergeben sich bei gleichen elektrischen Verhältnissen kleinere Abmessungen als beim Gußeisen. Ferner ist zum ständigen Ummagnetisieren (des Ankers) eine gewisse Arbeit zu leisten. Diese ist proportional einer für jeden Stahl charakteristischen Figur, der „Hysteresis-Schleife". Um nun wenig Arbeit aufwenden zu müssen, nimmt man einen Werkstoff, dessen Hysteresis-Schleife eine möglichst kleine Fläche hat, das ist ein Stahl mit etwa 1% Silizium (Dynamoblech). Oft ist aber, z. B. bei Wickelköpfen, gerade ein gänzlich unmagnetischer Werkstoff erwünscht. In diesen Fällen kommen Nickel- und Chromnickelstähle in Frage.

Mechanische Festigkeit. Gegenüber den Ansprüchen in elektrischer Hinsicht treten die rein mechanischen Anforderungen bezüglich Festigkeit vielfach zurück. Der Konstrukteur muß sich ihrer aber stets bewußt bleiben, denn es gibt Grenzen, wo Eigengewicht, einseitiger magnetischer Zug oder Zentrifugalkräfte mechanische Beanspruchungen erzeugen können, die ohne besondere konstruktive Berücksichtigung gefährliche Formänderungen oder Bruch bewirken können. Die ersten beiden Ursachen finden sich meist bei den Gehäusen langsam laufender vielpoliger Maschinen von großem Durchmesser, die letzte Ursache bei den Rotoren schnell laufender sogenannter Turbomaschinen. Berücksichtigt man, daß sich zu den Zentrifugalkräften noch tangentiale Umfangskräfte der Belastung entsprechend gesellen, die sich in besonderen Fällen, beispielsweise bei Kurzschluß, zu sehr großen Werten steigern können — im ersten Augenblick des Kurzschlusses bis zum 20- bis 50fachen des normalen Wertes —, daß ferner die Festigkeit selbst infolge der Querschnittsschwächung durch die Verbindungsmittel leidet und daß stets örtliche höhere Beanspruchungen an plötzlichen Querschnittsübergängen (sogenannte Kerbwirkung usw.) auftreten, so sieht man, daß auch der Elektromaschinenbauer außer Wellenberechnungen und rein konstruktiven Problemen der Formgebung noch genug Festigkeitsprobleme zu lösen hat.

Unterteilung in Bleche. Eine weitere Aufgabe erwächst dem Konstrukteur durch die „Wirbelströme". Neben den beabsichtigten Induktionserscheinungen fließen nämlich in dem gesamten Gehäuse der Maschinen Ströme, die zu großen Verlusten führen würden, wenn man ihnen nicht zu Leibe ginge. Um diese Ströme, die das Eisen erwärmen, zu verhüten oder wenigstens zu vermindern, unterteilt man den Eisenkörper in der Richtung der Kupferleiter, und zwar indem man den betreffenden Teil aus dünnen Eisenblechscheiben zusammensetzt. Hierdurch ist der Stromweg für die Bildung von Wirbelströmen zum größten Teil unterbrochen. Die Bleche müssen gegeneinander isoliert sein, wenn der Zweck der Unterteilung erfüllt sein soll. Deshalb werden die Blechtafeln mit dünnem Papier beklebt.

Wickelung. Das Entscheidendste in der Fertigung bildet die Herstellung der stromführenden Leitungen nach bestimmten Schemen: die Wickelung. In die gestanzten oder ausgehobelten Nuten werden die sorgfältig isolierten Drähte eingelegt und befestigt. Entsprechend der Eigenart jeder Maschinenart werden die Leitungen schichtweise gelegt und miteinander verbunden; dafür gibt der Konstrukteur der Werkstatt einen Plan mit der schematisch dargestellten Anordnung der Drähte, das „Wickelschema". Bei immer wieder vorkommenden Abmessungen ist man bemüht, die Spulen oder Drahtlagen maschinell anzufertigen. Dann ist in der Wickelei nur noch das Einlegen und richtige Verbinden erforderlich.

Verbindungen in der Feinmechanik. Der Konstrukteur feinmechanischer Geräte ist wegen der kleinen Abmessungen seiner Teile oft zu Kniffen gezwungen, die man im Bau anderer Erzeugnisse nicht kennt. Ihre winzigen Wellen, Lager, Hebel und Bügel gestatten nicht immer, Schrauben, Niete oder Keile zu verwenden. Daher finden wir hier eine Reihe von Verbindungen, die besonders auf die Eigenschaften dünner Bleche und Stifte zugeschnitten sind. In starkem Umfang wird „gepunktet" (Punktschweißen z. B. von Kappen und Gehäusen) und gelötet. Mitunter erfüllt sogar eine einfache Kittung die mechanischen Ansprüche. Wo Nieten vorkommen, sehen wir häufig Hohlnieten, deren Form eine größere Druckfläche liefert und das Ausreißen des Bleches erschwert.

Hatten die eben genannten Verbindungen noch gewisse Anklänge an den Maschinenbau, so ist das bei den folgenden kaum noch der Fall. Man denke nur an die Verspreizung, durch die Metallteile ähnlich wie Splinte gegen Lösen gesichert werden. Ferner ist von Wichtigkeit das Ineinanderstecken durch Falze, gegebenenfalls mit einer dichtenden Einlage (Beispiel: Konservenbüchse) und der flache Bajonett-(Renk-)Verschluß.

Bei der vielseitigen Verwendung von Blech ist natürlich an manchen Stellen eine mechanische Verstärkung erwünscht, um ein Ausbeulen oder Knicken zu verhüten. Man bringt daher rillenartige Pressungen an, sogenannte Sicken, die durch entsprechend geformte Rollen ähnlich wie beim Walzvorgang erzeugt werden.

Bei den kleinen Drehzahlen, die vielfach im Apparatebau vorkommen, braucht häufig nicht ständig geölt zu werden. Ebenso sind aus demselben Grunde die Lager ganz anders ausgebildet. So finden wir oft eine Anordnung von zwei Kegeln an den Enden der Wellen, Spitzenlagerung, die ein leichtes Nachstellen gestattet. Bei besonderen Fällen, wo es auf höchste Präzision und Reibungslosigkeit ankommt, läßt man harte Spitzen in Diamanten laufen (Lagerung der Anker von Elektrizitätszählern). Mitunter ist eine Verlangsamung einer durch Stoß eingetretenen Bewegung erwünscht. Dann benutzt man, wie bei elektrischen Instrumenten, eine besondere Dämpfung.

22. Das Prüffeld

Nachdem die Montageabteilung die Maschine betriebsfertig hergestellt hat, geht sie nach dem Prüffeld, das sich durch Ingangsetzen der Maschine mit den für sie vorgeschriebenen Belastungswerten zu überzeugen hat, daß sie den gestellten Bedingungen genügt.

Anpassung an das Erzeugnis. Bei kleinen Maschinen ist es meist ohne weiteres möglich, die Versuchsbedingungen den tatsächlichen Verhältnissen am zukünftigen Standort der Anlage anzupassen. Daß dies aber schwierig und mitunter undurchführbar wird, kann der Leser ermessen, wenn er an Riesenmaschinen, große Wasserturbinen oder Pumpen denkt. Andere Erzeugnisse wieder verlangen weitgehende Rücksichtnahme auf die Begleiterscheinungen des Probelaufes; daß diese nicht immer angenehm sind, sehen wir an den Prüfständen für Flugzeugmotoren, die wegen des gewaltigen Lärmes außerhalb der Werkstätten aufgebaut sein müssen. Ortsbewegliche Maschinen, wie Lokomotiven, verlangen eine längere Fahrt, um ihr Verhalten im Betrieb beurteilen zu können.

Im allgemeinen ist das Prüffeld für den Neuling in der Werkstatt mit Recht verbotenes Land. Abgesehen davon, daß Mißgriffe des Ungeschulten hier ganz besonders kostspielige Folgen haben können, sind auch die Gefahren hier, wo die üblichen Sicherheitsvorkehrungen häufig undurchführbar sind, so groß, daß die Fabrikleitung die Verantwortung nicht zu tragen imstande ist. Eigene praktische Betätigung im Prüffeld bleibt daher in der Regel einem späteren Abschnitt der Ausbildung überlassen. Wo sich aber Gelegenheit bietet, nach einigen Studiensemestern während der Ferien im Prüffeld arbeiten zu können, sollte diese Gelegenheit, sofern die Bearbeitungsverfahren genügend beherrscht werden, nicht versäumt werden.

Der Prüffeldingenieur. Im allgemeinen Maschinenbau ist die Ausrüstung eines Prüffeldes verhältnismäßig einfach, wenigstens im Vergleich zum elektrischen Prüffeld. Die mitunter recht schwierigen Aufgaben, vor die man im Prüffeld gestellt wird, haben dazu geführt, daß sich ein besonderer Fachmann dafür entwickelt hat: der Prüffeldingenieur. Die Anforderungen, die der Elektromaschinenbau an ihn stellt, sind: Genügende Kenntnis der elektrischen Meßtechnik, Kenntnis der Maschinen, ihres

Baues, ihrer Eigenschaften, und, als Erfahrungsschatz, Kenntnis der auftretenden Fehler, der Krankheiten elektrischer Maschinen. Der Prüffeldingenieur ist ein Arzt, der bei fehlerhaftem Arbeiten der Maschine die richtige Diagnose stellen soll.

Dies ist gar nicht so leicht, da vielfach nur die Wirkung des Fehlers zu erkennen, die Ursache aber, die an einem Rechenfehler, Konstruktionsfehler, Werkstoffehler, Ausführungsfehler oder mehreren dieser Fehlerarten gleichzeitig liegen kann, meist nicht ohne weiteres erkennbar ist.

Übersichtlichkeit. Ein Punkt erschwert das Arbeiten im elektrischen Prüffeld sehr: die unvermeidliche Anhäufung vieler loser Leitungen und bei deren behelfsmäßiger Verlegung ihre Unübersichtlichkeit. Ein Nachteil bleibt noch die Tatsache, daß den zahlreichen hin- und hergehenden Leitungen nicht auf den ersten Blick anzusehen ist, was für Strom sie führen. In fertigen Schaltanlagen gibt man den Drähten verschiedene Farbe, je nach Stromart und Pol bzw. Phase, eine Maßnahme, die natürlich im Prüffeld, wo die Leitungen täglich für andere Zwecke verwendet werden, undurchführbar ist.

VDE-Vorschriften. Die in einem Prüffeld auszuführenden Messungen werden nun entweder besonders von der Konstruktions- oder Berechnungsabteilung vorgeschrieben oder sie richten sich nach allgemeinen Regeln, wie sie in den Prüfvorschriften des Verbandes Deutscher Elektrotechniker enthalten sind. Die deutsche elektrotechnische Industrie hat zusammen mit Vertretern der Wissenschaft seit dem Aufblühen der Elektrotechnik dafür gesorgt, daß durch Bestimmungen und Regeln dem Pfuschertum entgegengetreten werden kann. Gleichfalls weisen diese „Verbandsvorschriften" einheitliche Angaben über die Prüfung von Maschinen auf. Um leicht feststellen zu können, ob ein Erzeugnis den Vorschriften des Verbandes Deutscher Elektrotechniker (VDE) entspricht, ist eine Prüfstelle geschaffen worden, die Firmen, falls ihre Waren den Bestimmungen entsprechen, das Recht verleiht, diese Erzeugnisse mit einer besonderen Marke, dem „VDE-Zeichen", zu versehen.

VI. Wesen und Gestaltung des Betriebes als Zelle der Gemeinschaft

Hinter der Rücksicht auf billigste und beste Fertigung, auf die in den vorhergehenden Abschnitten zum Verständnis immer wieder hingewiesen werden mußte, darf aber nie die Rücksicht auf die in der Fertigung tätigen Menschen, — Arbeiter und Angestellte —, zurücktreten. Leider war aber in der geschichtlichen Entwicklung der industriellen Erzeugungstätigkeit zunächst der Blick ausschließlich auf die Ware gerichtet.

Idealismus statt Materialismus. Der Mensch wurde nicht vergessen — nein, man faßte lange auch die menschliche Arbeitskraft als Ware auf. Der Grundsatz der Wirtschaftlichkeit, „Erzeugung der größten Wirkung mit kleinstem Aufwand", wurde von den Vertretern dieser Lehre so aufgefaßt, daß der Fabrikant erstreben müsse, dem Arbeiter so viel Arbeitskraft wie möglich abzukaufen und so wenig wie möglich dafür aufzuwenden. Jahrzehntelang währte ein erbitterter Kampf, in dem es trotz der so sehr im Vordergrund stehenden materiellen Lohnfragen letzten Endes doch um etwas ganz anderes ging: um die tatsächliche Eingliederung des Arbeiters in die Volksgemeinschaft.

Betriebsgemeinschaft. Durch den Nationalsozialismus ist die Gegnerschaft Arbeitnehmer — Arbeitgeber beseitigt. Der Betrieb als Zelle der Gemeinschaft unterliegt wie jede andere Erscheinungsform des völkischen Lebens dem Führergedanken. Betriebsführer und Gefolgschaft bilden eine Einheit mit gemeinsamen, übergeordneten Aufgaben. Das Gesetz zur Ordnung der nationalen Arbeit und die Errichtung der Deutschen Arbeitsfront waren die Grundlagen, auf denen die Betriebe zu leistungsfähigen und zuverlässigen Waffenschmieden im nationalen Freiheitskampf werden konnten.

Von den Verhältnissen, die einst in Deutschland herrschten, weiß der junge Praktikant heute nur vom Hörensagen. Dafür bringt er, wenn er selbst die neuen Gemeinschaftsformen schon im Dienst des Jungvolks und der Hitler-Jugend kennen gelernt hat, ein Gefühl der Selbstverständlichkeit für all das mit, was doch in den weitaus meisten Fällen erst in letzter Zeit neu geschaffen wurde. Die Verbundenheit aller Schaffenden, gleich wo sie stehen mögen, die Achtung vor jeder ehrlichen, noch so einfachen Arbeit, die Betreuung der Gefolgschaft nicht nur während der Arbeit und bezüglich der Gesundheitspflege, sondern auch in der Freizeit und im Urlaub, schließlich die umfassenden Leistungen, die von den beiden Parolen „Schönheit der Arbeit" und „Kraft durch Freude" ausgehen, — all das empfinden wir bereits als Selbstverständlichkeit.

Leistungssteigerung. Was in dieser Hinsicht erreicht ist, entspringt nicht nur ethischen Motiven und unserer heutigen politischen Haltung, sondern hat darüber hinaus sehr handgreifliche praktische Bedeutung für die Leistungssteigerung. Je besser die Lüftung und Heizung in den Fabrikräumen, je praktischer und zeitsparender An- und Auskleideräume, Aborte und Waschgelegenheiten eingerichtet und gelegen, je sauberer die Werkstätten sind, desto größer ist die Arbeitsmenge, die geleistet wird. Duschebäder erhöhen im Sommer die Arbeitskraft, während die Spirituosengetränke sie lähmen. Vorzügliche Lehrlingsausbildung gewährleistet guten Nachwuchs. Aussicht auf Altersrente, auf Dienstprämien usw. heben die Arbeitsfreudigkeit und machen, ebenso wie Siedlungen, die Gefolgschaft seßhaft. Alles nicht nur Vorteile für das einzelne Gefolgschaftsmitglied, für den einzelnen Betrieb, sondern für die große Gemeinschaft des Volkes.

Wir können es uns deshalb in diesem Buch ersparen, nähere Ausführungen zu diesen Fragen zu machen, die am besten erlebt, nicht erlernt werden.

Im Rahmen der politischen Erziehung mag der Praktikant manches über die Probleme der hinter uns liegenden Zeit, über die Fürsorge im 19. Jahrhundert, die Versicherungsgesetze, die Krankenkassen, die Gewerkschaften und Betriebsräte erfahren haben. Die tägliche Anschauung des Heute, Gespräche mit den Arbeitskameraden, aber auch eine Unterredung mit dem Betriebsobmann, sei es einzeln oder in Gruppen, mögen ihm zeigen, welche Kräfte geweckt sind, die nun gleichgerichtet und auf ein Ziel gelenkt sich auch in der technischen Leistung auswirken.

Facharbeiter — Spezialarbeiter. Die Überlegenheit der deutschen Technik beruht nicht allein auf den Ingenieuren. Alle Schaffenden eines Werkes können dazu beitragen, durch Verbesserungsvorschläge die Fertigung zu vervollkommnen, die Konstruktionen weiterzuentwickeln und neue Erfindungsgedanken betriebsreif zu machen. Mit dem Wollen der Werksleitung kann aber nur mitgehen, wer selbst einen Einblick in die Zusammenhänge besitzt und mehr als seine eigene Arbeit kennt. Daher finden wir überall das Streben, die Gefolgschaft weiterzubilden, Begabungen zu wecken, gute Vorschläge zu belohnen und alle Wege zum Aufstieg zu ebnen. Grundsatz ist, möglichst vielen eine gute Lehre zu geben, die die beste Voraussetzung für selbstänbige Mitarbeit ist. Der Mangel an Arbeitskräften führt dazu, immer mehr Verrichtungen, die früher „Ungelernte" und Hilfsarbeiter ausführten, durch Maschinenarbeit zu ersetzen.

Facharbeiter (Industriehandwerker) ist, wer in einer dreieinhalb- oder mindestens dreijährigen Lehrzeit planmäßig in Werkstatt und Berufsschule für ein größeres in sich abgeschlossenes Arbeitsgebiet ausgebildet und damit fähig ist, Arbeiten seines Berufes selbständig und fachgemäß nach Muster wie auch nach Zeichnung auszuführen. Die Ausbildung soll durch eine Facharbeiterprüfung abgeschlossen sein.

Spezialarbeiter (angelernter Facharbeiter) ist nach den Begriffsbestimmungen der Reichsgruppe Industrie, wer als Jugendlicher in einer ein- bis zweijährigen Anlernzeit planmäßig in Werkstatt und Berufsschule (Jugendlichenanlernung) oder als Erwachsener in entsprechend kürzerer Zeit (Erwachsenenanlernung) für ein in sich abgeschlossenes Spezialarbeitergebiet ausgebildet und damit fähig ist, Arbeiten seines Berufes selbständig und fachgemäß nach Muster,. nach Zeichnung oder nach Richtlinien auszuführen, oder wer in langjähriger Betriebstätigkeit sich entsprechenne Fertigkeiten und Kenntnisse (Erwachseneneinarbeitung) durch Einarbeitung erworben hat. Als Spezialarbeiter gilt ferner, wer hochwertige Arbeiten selbständig ausführt, die neben geeigneter Veranlagung besonders langjährige Berufserfahrung bedingen (Berufsentwicklung durch wachsende Berufserfahrung).

Ziele der Betriebsorganisation. Mit dem Tage des Eintritts in das Gefüge eines neuzeitlichen Fabrikbetriebes erschließt sich einem großen Teil der Praktikanten eine neue Welt. Alle Einzelheiten der Arbeitsteilung, der Arbeits- und Zeitkontrolle, der Gleich- und Überordnung der Beamten und Arbeiter, Vorarbeiter und Gehilfen, ihre Gruppierung in Werkstätten und Kolonnen usw. sollen und können hier nicht beschrieben werden.

Aber beim Eintritt in die für viele Praktikanten gänzlich neue Welt der Werkstatt soll doch hier eine allgemeine Vorstellung vermittelt werden von den Zielen, die unsere neuere Betriebsentwicklung verfolgt. Es geht nicht an, daß der junge Ingenieur den Betrieb durchläuft, ohne sich bewußt zu werden, daß der Ingenieur in der Organisation des Betriebes selbst — also einer technisch-wirtschaftlichen Aufgabe — zumindest gleich wichtige Arbeit leistet wie in der Lösung der rein technischen Aufgaben der Gestaltung des Rohstoffes im Betriebe. Auch hier gilt das gleiche, was bereits bei den wärmewirtschaftlichen Betrachtungen betont wurde: Der Praktikant lasse sich durch sein Interesse für die Werkstättenorganisation — deren Einzelheiten und Gestaltungsgründe er schon jetzt weder studieren kann, noch soll — nicht von den praktisch-technischen Aufgaben ablenken, für die er sich ein Verständnis erarbeiten muß. Aber einen gewissen Einblick in die Gedankenwerkstatt der Organisatoren braucht er, schon um inne zu werden, daß auch auf diesem Gebiet alles in stärkstem Fluß ist und daß diese Entwicklung von jedem, der sie mitmacht, den Einsatz des ganzen Könnens und des ganzen Menschen erfordert.

Konstruktionslehre und Betriebswissenschaft. Das Durch-denken des Arbeitsgegenstandes, seine Gestaltung, die Konstruktion, überwog lange vor der Bestgestaltung des Betriebsablaufes. Die Arbeitsteilung sondert hier schon die Leitung von der Ausführung: das Konstruktionsbüro übermittelt seine Anweisungen durch die Zeichnung an die Werkstatt. Deutschland, gezwungen durch die verhältnismäßige Armut an Bodenschätzen, entwickelt die krafterzeugenden Maschinen auf einen hohen Grad der Wirtschaftlichkeit. In Amerika führt der Mangel an geschulten Arbeitskräften zu einem schärferen Durchdenken des Arbeitsvorganges, der Fertigung. Die mechanischen Mittel für die Fertigung, die Arbeits-

maschinen und Werkzeuge, sind dort vorwiegend Gegenstand weiterer
Durchbildung. Mit zwingender Logik mußte der steigende Wert der
menschlichen Arbeitskraft — zunächst in Amerika, dann aber auch in
Deutschland — zum planmäßigen Durchdenken auch der menschlichen
Arbeit führen. In folgerichtigem Fortgang der industriellen Entwicklung
liegt auch hier die Trennung der Leistung von der Ausführung. Der Betriebsleiter gibt nicht nur die Anweisungen für die mechanische, sondern
auch für die menschliche Arbeit. An die Seite der Wissenschaft von der
Gestaltung, der **Konstruktionslehre**, tritt mit voller Gleichberech-
tigung die Wissenschaft der Fertigung, die **Betriebswissenschaft**, die
mechanische und menschliche Arbeit durchforscht.

Das gesamte Schaffen innerhalb des Unternehmens wird durch die
arbeitsverbindende **Organisation** zur Lebensbetätigung gebracht. Es
liegt in der Natur der Arbeit als solcher, daß die Fertigung ausschlaggebenden Einfluß auf die Organisation und umgekehrt ausübt. Die Betriebswissenschaft erfaßt daher neben den arbeitsteilenden Funktionen auch die
zusammenfassenden, die organisatorischen.

Es ist eine selbstverständliche Forderung des werktätigen Lebens, die
Vorgänge innerhalb eines Betätigungsfeldes festzuhalten, zum Bewußtsein
und zur Kritik zu bringen. Im industriellen Organismus erleiden die ein-
gebrachten Güter eine dauernde Umwandlung und verlassen den Betrieb,
mit dem Mehrwert der geistigen und körperlichen Arbeit versehen. Die
Niederschrift muß diesen Umwandlungsvorgängen laufend folgen. Diese
Niederschrift in exakten Zahlen, das **Abrechnungswesen**, ist demnach
ein organischer Bestandteil des industriellen Geschehens; es ist das Gewissen
des Betriebes, das über die Verwaltung der ihm überantworteten wirtschaftlichen Güter in nicht anzuzweifelndem Nachweis wacht: das wirtschaftliche Manometer.

Abrechnung. Die Betriebsabrechnung hat zum Zweck: die Ermittlung
der tatsächlichen Selbstkosten, die die Erfüllung eines Auftrages verursacht. Zu diesem Zweck werden festgestellt:

1. Die auf den Auftrag entfallenden Löhne,
2. die verbrauchten Werkstoffmengen,
3. die darüber hinaus erwachsenen allgemeinen Unkosten.

Die Summe der Löhne ergibt sich aus der Zusammenstellung der aus-
gefüllten Lohnkarten im Lohnbüro, die der Materialkosten aus der Zusammenstellung der Materialkosten im Lager; beide Sorten von Karten
werden mit einer Ordnungsnummer (der „Auftrags-“, „Bestell-“ oder
„Kommissionsnummer“) versehen, damit man sie entsprechend sor-

tieren kann. Die Schwierigkeit besteht nun in der Ausrechnung der auf den Auftrag entfallenden **allgemeinen Unkosten**. Früher herrschte das zwar sehr einfache, aber durchaus unzureichende System, daß der Gesamtjahresumsatz des Werkes um die gesamten Beträge für Löhne und Werkstoffe vermindert und die Differenz, „die allgemeinen Unkosten", in Prozenten der Summe von Löhnen und Werkstoffkosten ausgedrückt wurde. Dieser Prozentsatz, der „Unkostenzuschlag", wurde — und wird vielfach noch heute — einfach durchweg zu der auf jeden einzelnen Auftrag entfallenden Lohn- und Werkstoffkostensumme hinzugefügt und das Ergebnis als die Selbstkosten für den betreffenden Auftrag betrachtet.

Vor- und Nachkalkulation. Dieses Verfahren hatte eine große Reihe schwerster Nachteile. Die rationell hergestellten Stücke wurden mit dem gleichen Unkostenzuschlag belastet wie die unrationell hergestellten. Die Preisstellung, die auf der Selbstkostenschätzung beruht, war unsicher konnte leicht zu Verlusten führen usw.

Diesem Zustand kann nur abgeholfen werden durch planmäßige Verbuchung auch der allgemeinen Unkosten auf die einzelnen Aufträge nach wissenschaftlichen Grundsätzen — durch sorgsame Zerlegung der Arbeitsvorgänge in ihre Elemente (Vorbereitungszeit, Ausführungszeit, Transportzeit usw.) und Benutzung dieser Ergebnisse für den Voranschlag, der dadurch zur **Vorkalkulation** wird — und schließlich durch ständige Kontrolle der Vorkalkulation durch die Zusammenstellung der tatsächlich verbrauchten Kostenbestandteile (**Nachkalkulation**), damit die Vorkalkulation immer verfeinerter, immer treffsicherer wird.

Zeit- und Bewegungsstudien. Der Grundsatz, alle oft wiederholten Arbeiten einmal vor der Ausführung in ihre kleinsten Elemente zu zerlegen und diese unabhängig von Gewohnheit und Überlieferung auf möglichste Ersparnis an Zeit und Kraft zu untersuchen, erfordert besonders in großen und vielseitigen Betrieben ein außerordentliches Maß von Mühe, Zeit und Sorgfalt, da solche Untersuchungen sich auf eine zwangläufig arbeitende Gesamtorganisation, konstruktive Normung, zweckmäßigsten Aufbau der Werkstatteinrichtungen und günstigste Betriebsweise der Maschinen sowie auf alle Einzelheiten der Ausführung der Arbeit zu erstrecken haben. Die Benutzung der Uhr zur Ermittlung der zweckmäßigsten, zeit- und kraftsparenden Arbeitsweisen wird besonders bei Massenfertigung kaum zu vermeiden sein; sie kann für die Gefolgschaft keine Herabsetzung bedeuten, wenn zwischen ihr und der Leitung Vertrauen herrscht und vollkommene Klarheit darüber besteht, in welchem Sinne die Ergebnisse angewendet werden.

Das Arbeitsverteilungsbüro. Die Beamten des Arbeitsverteilungsbüros, durch das jede Bestellung vor der Ausgabe an die Werkstatt läuft, haben folgende Aufgaben zu erfüllen:

a) Festlegen der einzelnen Arbeitsvorgänge, ihrer Reihenfolge in den Werkstätten und innerhalb dieser an den einzelnen Maschinen; Bereitstellen der Werkstoffe, der Vorrichtungen und Werkzeuge derart, daß vermeidbare Wartezeit und unnötige Wege für den Arbeiter vermieden werden; Beobachten der Belastung der Werkstätten und Maschinen durch die einzelnen Werkstücke (Übersichtstafeln) und Ermittlung der Lieferfristen.

b) Bestimmen der für die Teilarbeiten günstigsten Maschineneinstellung (Schnittgeschwindigkeit, Vorschub usw.) und der daraus sich ergebenden Bearbeitungszeiten. Das Arbeitsverteilungsbüro hat auch den täglichen Eingang der Arbeitskarten für die Lohnberechnung zu überwachen.

c) Prüfen von Beschwerden seitens der Werkstatt, Abstellen von Mängeln.

Spezialingenieure. Der Grundsatz, jeden seinen Fähigkeiten und seiner Veranlagung entsprechend an den Platz zu stellen, wo er das Beste leisten kann, darf nicht auf die Arbeitnehmer beschränkt bleiben. Tatsachlich können wir feststellen, daß unter den Ingenieuren, wenn sie erst festen Fuß im Leben gefaßt haben, eine mitunter noch weitergehende Spezialisierung einsetzt. Es hieße aber den Begriff des Spezialistentums falsch verstehen, wollte man hieraus entnehmen, daß das Interesse an anderen Dingen wertlos würde oder die Wahl eines engeren Fachgebietes möglichst frühzeitig stattfinden müsse. Im Gegenteil, der junge Ingenieur und noch mehr der Student soll, aufbauend auf den Elementargrundlagen, seine Augen für alles offen halten, was in der industriellen Technik vorgeht, und dies möglichst lange. Die Beschränkung auf das Interesse an einem immer engeren Gebiete kommt nachher ganz von selbst und ergibt sich oft schon aus der Unmöglichkeit, ständig allen Ereignissen und Neuigkeiten die nötige Zeit zu widmen. Viele begehen aber den Fehler, von Anfang an einseitig auf einen Punkt zuzustreben. Dabei muß natürlich der Zusammenhang im großen verloren gehen. Mindestens sollte sich jeder darüber klar sein, daß mit der Zeichenarbeit am Reißbrett und der anschließenden Bearbeitung in den Werkstätten erst ein Teil der Arbeit getan ist, die insgesamt zu einem Auftrag gehört. Es ist hier nicht der Platz, darzulegen, wie stark dabei technische und kaufmännische Arbeit verbunden ist und ineinander übergeht. Zur Beleuchtung dienen lediglich die folgenden Stichworte: Werbung—Angebot—Auftrag—Konstruktion—Bestellung von Halbzeug und

Fertigfabrikaten — Arbeitsverteilung — Gießerei, Schmiede, mechanische Werkstätten — Vorkontrolle — weitere mechanische Bearbeitung — Nachkontrolle — Probemontage — Probelauf — Demontage — Verpackung — Versand — Montage an Ort — Abnahme — Bezahlung.

Werkstättenorganisation. Arbeitsparende Maßnahmen lassen sich grundsätzlich auf zwei verschiedenen Gebieten ergreifen. Einmal kann man durch gänzlich neue Prinzipien in den Arbeitsmethoden sparen, wobei das Schwergewicht in der geistigen Vorbereitung zur Einführung der Neuerungen liegt. Hierzu zählen planmäßige Vereinheitlichung und Austauschbau. Man kann aber auch in den Werkstätten beginnen, Verlustquellen aufzudecken und unproduktive Arbeiten zu vermindern. Dabei kommt man auf das Förder- und Lagerwesen, die Schaffung weiterer Vorrichtungen und die Umwandlung der sprunghaften Folge von Arbeitsvorgängen in eine kontinuierliche.

Förderwesen. Der Idealzustand einer Fabrik wäre der, daß gar keine Mittel erforderlich wären, die Werkstücke von einem Ort an den anderen zu schaffen, die Teile gleichsam ohne Kraftaufwand durch die Luft flögen. Das würde den Fortfall aller Lager und Stapel bedeuten. Da wir aber wissen, daß wir hiervon weit entfernt sind, gilt es die bestehenden Verhältnisse möglichst wirtschaftlich auszugestalten.

Früher war mit jeder Werkstatt eine Reihe von Schienensträngen verbunden, in denen schwere Karren liefen, die von Hand zu schieben waren. Um ein schweres Werkstück von einer Werkzeugmaschine zur anderen zu schaffen, waren mehrere Leute nötig; der Transport dauerte unverhältnismäßig lange. Heute herrscht das motorbewegte Fahrzeug, der Elektrokarren, vor. Durch nur einen Mann geführt, durchfährt er rasch die längsten Hallen und stößt bei seiner Wendigkeit doch nirgends an. Weiß man aus Erfahrung, wo und an welchen Stellen Mengen zu befördern sind, kann man die Elektrokarren nach einem festen Fahrplan laufen lassen, was ihre Wirtschaftlichkeit weiter erhöht. Man kann aber in der Zeit- und Arbeitsersparnis noch weiter gehen, indem man den Elektrokarrenführer nicht durch Auf- und Abladen aufhält, sondern auf besonderen Wagen stapeln läßt. Unter diese fährt der Elektrokarren einfach mit gesenkter Plattform hinunter und nimmt sie sogleich ohne Zeitverlust mit (Hubwagen). Die Gestelle zum Beladen müssen natürlich dem Erzeugnis angepaßt sein: bei ringförmigen Werkstücken sehen sie anders aus als bei Wellen oder Scheiben.

Neben der Förderung in horizontaler Richtung sind oft vertikale Bewegungen erforderlich. Die großen Kräne sind natürlich nur für sehr schwere Teile zu benutzen. Wo aber früher Werkstücke mit Flaschenzügen oder dgl. von Hand gehoben wurden, finden wir heute in zunehmendem Maße kleine Hebeanlagen.

Auf eine besondere Art der Förderung, nämlich durch endlose Bänder und Ketten, soll weiter unten eingegangen werden.

Vorrichtungen und Hilfswerkzeuge. Auf den hohen Wert gut ausgebildeter Vorrichtungen ist bereits mehrfach hingewiesen worden. Wir haben gesehen, wie durch sie Irrtümer beim Messen sowie das Anreißen ausgeschaltet werden können. Ebenso wichtig sind Vorrichtungen zur Erleichterung und Verkürzung der Arbeiten, z. B. Elektrowerkzeuge, elektrische Schraubenzieher und andere zeitsparende Geräte. Spannvorrichtungen soll man, wenn irgend möglich, so konstruieren, daß der Arbeiter das nächste Stück bereits aufspannt, während das erste in Arbeit ist.

Fließende Fertigung. Dem Idealzustand, einer kontinuierlichen Fertigung von Massenteilen kommt ein besonderes System, die fließende Fertigung oder auch Fließarbeit, am nächsten. Als Wesentliches an ihr wird die örtlich fortschreitende, zeitlich bestimmte und lückenlose Folge der Arbeitsgänge angesehen. Wurden früher die Werkstücke dorthin geschafft, wo mehr oder weniger infolge Zufall die passendste Maschine stand, so stellt man jetzt die Maschinen so, daß ihre Reihenfolge den einzelnen Arbeitsgängen entspricht. Dauert in dieser Linie eine Bearbeitung doppelt so lange wie die übrigen, so muß man hierfür zwei Maschinen vorsehen. Man sucht nun zu erreichen, daß die Teile, ohne zu lagern, von einer Arbeitsstätte zur andern kommen. Man muß aber auch Vorgänge, wie Lackieren und Trocknen von Apparaten, mit in diese Kette einschließen, so daß vom Rohstoff bis zum geprüften und versandfertigen Erzeugnis die Teile ständig bearbeitet werden und zur nächsten Stelle gelangen.

Die Maßnahmen zur Förderung der Werkstücke an die nächste Maschine oder den nächsten Arbeiter zur Montage können sehr verschieden sein, teils mit, teils ohne motorischen Antrieb. Im letzten Fall wird jedes Teil von Hand auf Rinnen oder Wägelchen weitergeschoben oder sein Eigengewicht ausgenutzt (schräge Rutsche). Bei mechanischem Antrieb eines in sich geschlossenen Bandes, das über Rollen läuft, werden oft dort, wo ein Arbeiter ist, die Stücke durch schräg gestellte Bretter vom Band abgestreift („Weichen"). Wo die Bewegungsfreiheit nicht geschmälert werden darf, treten an Stelle platzbeanspruchender Bänder Förderketten, die an der Decke hängen. Sie haben den Vorteil, daß sie auch leicht über Höfe in andere Hallen und Gebäude geführt werden können.

Bei der Montage von leichteren Werkstücken zu Apparaten oder kleinen Maschinen können oft die Teile während des Anziehens der Schrauben oder Muttern auf dem Band bleiben, was sich dann mit geringer Geschwindigkeit fortbewegt. So einfach diese Einrichtungen hier beim Lesen oder bei Besichtigungen erscheinen (Praktikanten werden kaum in solchen Werkstätten beschäftigt werden), so schwierig ist es doch im einzelnen, für ihren einwandfreien Betrieb zu sorgen, denn auf tausend und mehr Dinge ist dabei Rücksicht zu nehmen (kurze Griffwege, bequeme Stellung des Arbeiters, gegebenenfalls Sitzmöglichkeit usw.).

Die fließende Fertigung setzte sich zunächst bei solchen Erzeugnissen durch, die laufend in sehr großen Mengen gebraucht werden. Wenn sie sich auch immer mehr ausdehnt, bleiben daneben Einzel- und Serienfertigung bestehen. Denn jede Umstellung kostet dabei sehr viel Geld und Verdruß. Das muß sich auch der Praktikant ständig vor Augen halten, ehe er ein Werk vielleicht für veraltet hält, das diese Verfahren nicht hat.

Schlußbemerkung: Technisches Schrifttum

Während der praktischen Ausbildung ist naturgemäß nicht allzuviel Zeit zum Studium von Büchern übrig. Das Meiste soll der Praktikant in dieser Zeit durch eigene Wahrnehmung, durch fleißiges Beobachten der Dinge, die ihn umgeben, und durch die Erfahrung seiner persönlichen Betätigung in sich aufnehmen. Gleichwohl gibt es eine Fülle von Tatsachen, die zum Verständnis erforderlich sind, aber in dem Umfang dieses Buches nicht behandelt werden konnten. Es wäre falsch zu glauben, man könnte als Anfänger selbst das Richtige und Zweckmäßigste aus der übergroßen Fülle des heutigen Fachschrifttums auswählen. Sollte am Wohnort eine Fachbuchhandlung nicht bestehen, wende man sich zur Beratung an erfahrene ältere Kameraden, insbesondere im Werk selbst, oder an eine gute technische Buchhandlung. Wertvolle Hilfe bietet das vom Reichskuratorium für das Deutsche Fachschrifttum herausgegebene Fachbuch-Auswahlverzeichnis „Können ist Pflicht"[1]. Besonders zu empfehlen sind die Veröffentlichungen des Reichsinstituts für Berufsausbildung in Handel und Gewerbe, Berlin.

Gut ist es, frühzeitig mit dem regelmäßigen Lesen einiger technischer Zeitschriften zu beginnen. Wenn die darin enthaltenen wissenschaftlichen Aufsätze dem Praktikanten auch zunächst unverständlich erscheinen, so enthalten die Hefte doch viele wertvolle Anregungen und Hinweise. Auf diese Weise wächst der Praktikant am leichtesten in die Gedankenwelt des Berufs hinein, zu dessen Ausübung er bei der praktischen Ausbildung Grundlagen von entscheidender Wichtigkeit legt. Das Fachschrifttum wird, ebenso wie das technische Vortragswesen und die technisch-wissenschaftliche Gemeinschaftsarbeit, von den technischen Fachvereinen betreut, die im „Nationalsozialistischen Bund Deutscher Technik" zusammengeschlossen sind. Zugehörigkeit zu diesem wird dem jungen Ingenieur, wenn er seine Aufgabe im Rahmen der Volksgemeinschaft recht begreift, ebenso selbstverständlich sein wie die tatkräftige Mitwirkung an allen Formen der Gemeinschaftsarbeit, wodurch er mit seinen Arbeitskameraden helfen kann, Aufgaben zu lösen, die über den Bereich seines Werkes hinausgehen und der gesamten Technik dienen.

---

[1] Verlag des Börsenvereins der Deutschen Buchhändler. Leipzig 1940.

Sachverzeichnis

Außer diesen Schlagwörtern beachte der Leser die zahlreichen Hinweise bei den „Beobachtungswinken" (S. 94, 100, 121, 123, 126, 128, 136, 146), die hier nicht einzeln aufgeführt sind.

Stuttgart. Buchdr.-Ges. fr. Chr. Fr. Cottas Erben